MODERN FRANCH AIRCRAFT

现代法国战机

〔英〕保罗·艾登 著　　刘依晗 译

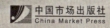

中国市场出版社
China Market Press

图书在版编目（CIP）数据

现代法国战机／（英）艾登著；刘依晗译.—北京：中国市场出版社，2014.1
（深度系列）

ISBN 978-7-5092—1095-6

Ⅰ.①现… Ⅱ.①艾… ③刘… Ⅲ.①歼击机—介绍—法国 Ⅳ.①E926.31

中国版本图书馆CIP数据核字（2013）第132801号

著作权合同登记号：图字 01—2009—7546

出版发行	中国市场出版社	
社　　址	北京月坛北小街2号院3号楼	邮政编码　　100837
出版发行	编 辑 部（010）68034190	读者服务部（010）68022950
	发 行 部（010）68021338　68020340　68053489	
	68024335　68033577　68033539	
	总 编 室（010）68020336	
	盗版举报（010）68020336	
邮　　箱	1252625925@qq.com	
经　　销	新华书店	
印　　刷	北京九歌天成彩色印刷有限公司	
规　　格	170毫米×230毫米　16开本	版　次　2014年1月第1版
印　　张	13	印　次　2014年1月第1次印刷
字　　数	187千字	定　价　58.00元

CONTENTS

目 录

CONTENTS

法国航宇工业公司欧洲直升机公司
Aérospatiale/Eurocopter

SA 330 美洲豹
SA 330 Puma

在20世纪70年代及80年代，SA330"美洲豹"成为许多国家空军装备的标准中型运输直升机。直到西柯斯基公司（Sikorsky）"黑鹰"（Black Hawk）直升机的面世才取代其地位。SA330"美洲豹"在基准设计的基础上进行的改动不多，这也证明了该机型设计的成功。尽管其成本稍高，设计略复杂，但是"美洲豹"在民用市场上也得到了广泛接受。

20世纪60年代末，战场运输直升机的作用是毋庸置疑的。没有一支现代军队可以承担不装备该飞行器的代价，这一点在越南战争中得以证明。欧洲国家目前服役的直升机大多已经老旧过时，主要基于已经废弃的美国设计型号。尤其是英国和法国，急需更新目前仍在服役中的老式直升机。这促成了1967年的美–法直升机合同，该生产/购买协议包括韦斯特兰公司（Westland）"山猫"（Lynx）直升机、法

本页图：法国军用轻型航空公司生产了大约120架SA330"美洲豹"。图示直升机隶属于吉布提（Djibouti）的陆军航空队（ALAT）188特遣队，该特遣队为三支海外永久特遣队之一。

国航宇工业公司（Aérospatiale）"羚羊"（Gazelle）直升机以及法国航宇工业公司"美洲豹"（Puma）直升机。尽管该协议最终对法国来说负担过重，但是这也促使了三种优秀直升机设计的诞生，尤其是SA 330"美洲豹"。"美洲豹"的概念实际上开始于几年前法国陆军关于替代Sud航空公司生产的S-55s以及H-34s的要求。

1962年，法国开始探求一款能够搭载20名成员并可以执行一系列其他相关任务的运输直升机。法国南方飞机公司（Sud Aviation）并没有认真考虑改进其现存的机型的想法，取而代之的是开始研发一款全新的机型SA330——开始时命名为"云雀"（Alouette）IV。该计划于1963年开始，原型机于1965年6月14日首飞，并命名为"美洲豹"。

设计概况

"美洲豹"装备有两台Turboméca Bastan VII涡轮轴发动机，用以驱动一个四旋翼螺旋桨。高栏板主机舱装有侧滑门，机身下部装备有新式的可收起的三点式起落架，在机身后部两侧装有宽大的突出台。该机型可以容纳18名乘客以及两名机组成员。法国南方飞机公司继续生产制造了8架原型机，并且很快为"美洲豹"装备了TurbomécaTurmo IIIC.4涡轮轴发动机【被用于"超黄蜂"（Super Frelon）机型】。随着研发计划的开展，英国对该新式机型产生了很大的兴趣，一架原型机被运往英国进行评估测试。这也最终促使了英国皇家空军按照美—法直升机协议选择"美洲豹"来取代"旋风"（Whirlwind）以及"丽城"（Belvedere）直升机。法国陆军航空队（ALAT）将SA 330B"美洲豹"作为其基本机型。英国皇家空军采用了与之相似的机型，并将其重命名为"美洲豹"HC. Mk 1(SA 330E)。英国皇家空军的"美洲豹"直升机在约维尔（Yeovil）由韦斯特兰公司授权生产，所有的48架HC.Mk 1在此装配。韦斯特兰公司对"美洲豹"直升机的

左图：首批三架SA330"美洲豹"的样机，近端的两架携带测试仪表探针安装在直升机的机头位置，远离螺旋桨产生的下洗流。

设计生产权一直持续到1988年，但是并没有出售给其他任何用户。该基本型的出口机型SA 330F由法国南方飞机公司控制，并售向世界各国的空军。

公司合并

1970年1月，法国南方飞机公司与北方航空公司（Nord）、弹道武器研究制造公司（SEREB）合并，组成了法国航宇工业公司。法国航宇工业公司公司继续升级"美洲豹"直升机，开发了SA 330G

上图：许多年来，一支英国皇家空军的"美洲豹"编队长期驻扎在伯利兹城（Belize），为那里的英国守备部队提供转移、搜寻、救援以及快速反应协助。

机型，该机型装备有Turmo IVC涡轮轴发动机，并对准商用市场。"美洲豹"确实找到了民用客户，主要用于沿海石油支持任务。针对该任务，法国航宇工业公司研发了紧急情况漂浮系统，可以用来安装在机头和起落架挂架上。同样的设备也可以安装在搜索救援机型上，例如葡萄牙所装备的机型上。同SA 330G类似，SA 330H

是军用机型，许多用户将其拥有的"美洲豹"直升机升级到该型号。法国航宇工业公司之后向"美洲豹"引进了几项新的技术，包括采用了可以节省重量的复合材料旋翼桨叶，并生产了两架装备有新桨叶的原型机—SA 330J（基于SA 300G）以及SA 330L（基于SA 330H）。另外几家现有的用户也在其装备的直升机上安装了动态系统。最终，法国航宇工业公司使用"美洲豹"的机身进行其任务测试。唯一的一架SA 330R装备有拉长的机身，用来进行SA 332"超级美洲豹"的发展研发工

上图："美洲豹"直升机。

作。SA 330Z装备有涵道式尾桨，用作SA 360"海豚"计划的测试平台。

法国航宇工业公司将"美洲豹"的生产权授权给印度尼西亚航宇公司（IPTN）和罗马尼亚航空工业公司（IAR）。这两家公司进行基本型号的生产工作，客户主要为自己国家的军队和政府部门——尽管罗马尼亚同时也将"美洲豹"出口到几家国外客户。在生产"超级美洲豹"之前，印度尼西亚航宇公司利用法国提供的配

套元件以及当地制造的配件生产了大约20架SA 330J直升机。另一方面，罗马尼亚航空工业公司生产了将近200架"美洲豹"，并研发了自己的机型。罗马尼亚生产的基本型"美洲豹"直升机被命名为SA 330L（IAR 330L），针对运输用机型，罗马尼亚航空工业公司研发了装备有20毫米机关炮以及反坦克导弹火箭弹的"美洲豹"型号。

在罗马尼亚的发展升级

IAR 330L的另一个版本可以用来执行海岸巡逻任务，装备有浮筒和综合助航系统。IAR利用以色列的埃尔比特公司（Elbit）升级生产了SOCAT型"美洲豹"直升机。SOCAT机型在基本的IAR 330L机型基础上装备了机头前视红外线导航系统（FLIR）、20毫米转动机关炮以及先进的反坦克导弹，并且已经收到罗马尼亚军方的订单。另一个"美洲豹"的重要客

下图："HORIZON"直升机雷达系统由法国军方的"美洲豹"直升机（如图中所示）携带，在海湾战争中进行测试，目前该系统已应用于"美洲狮"机型。

户是南非，利用SA 330s发展其自己的机型——Atlas"羚羊"。南非是法国航宇工业公司"美洲豹"机型的主要客户，在与种族隔离制度相对的武器禁令之前已经交付购买了大约70架"美洲豹"直升机。南非空军购买IAR 330L以加强其"美洲豹"直升机编队，同时对已有机型进行了升级，安装了Turbomeca Makila 1A1 发动机，用以改善其性能。同时"羚羊"机型也安装了机头雷达以及升级的（单座）

上图：超过150架"美洲豹"由罗马尼亚授权生产，型号编为IAR 330。罗马尼亚军用航空部门目前生产了大约70架样机，执行运输任务；目前的升级程序将为该机型提供一定的攻击能力。

驾驶室。另外一个升级了发动机的"美洲豹"客户是葡萄牙，葡萄牙航空工业有限公司（OGMA）利用Makila 1涡轮轴发动机以及新式的复合材料桨叶来生产SA 330S"美洲豹"直升机。

SA 332 "超级美洲豹" AS 532 "美洲狮"

SA 332 Super Puma AS 532 Cougar

简介
Introduction

"美洲豹"促使了"超级美洲豹"的诞生——一款拥有众多变型的大型运输直升机。从1990年开始，该款直升机被称为欧直AS 532"美洲狮"系列，并在世界各地的前线服役。

尽管开始的SA 330"美洲豹"直升机作为一款成功的设计机型非常受欢迎，但是针对该机型的替代计划早就开始了。到1974年，法国航宇工业公司已经提出了"超级美洲豹"的概念，用以满足顾客对更大动力及更大运载量的要求。随之出现的设计机型是SA 332"超级美洲豹"直升机，该机型采用了同样的生产线，只进行了很细微的改变。从一开始，"超级美洲豹"就采用了运用在后期的SA 330s型号上的玻璃纤维复合材料桨叶。SA 332最明显的变化就是在机头增加了装有天气雷达的天线屏蔽器【一般采用邦迪克斯/国王（Bendix/King）RDR 1400雷达或者霍尼韦尔Primus 500雷达】。"超级美洲豹"装备了马力更加强劲的Turbomeca Makila 1A 涡轮轴发动机，取代了原来的Turmo发动机。与"美洲豹"不一样的是"超级美洲豹"主要针对民用市场，同时法国航宇工业公司也没有忽视

本页图：冰岛的海岸警卫队拥有一架AS 332L2 "超级美洲豹"直升机，从雷克雅未克（Reykjavik）的机场出发执行搜寻救援，空中救护以及水产巡逻任务。

上图："超级美洲豹"装备有四个玻璃纤维旋翼桨叶，桨叶边缘采用钛合金，并带有除冰设备。与"美洲豹"的桨叶相比，该桨叶更加轻质，气动效率更高。

其军用市场潜力。该机型在设计时也考虑了军用耐用性特点，例如不使用润滑油（当受到轻型武器攻击时）也可以工作的变速箱，能够承受40次0.5英寸（12.7毫米）口径武器攻击的主旋翼。

首飞

首架"超级美洲豹"于1978年9月13日首飞。一共生产了6架原型机，于1981

年开始交付。开始生产的机型AS332B以及民用机型AS 332C并没有比"美洲豹"体积更大，可以搭载21名乘客或者12～18名全副武装的士兵。一款加长型的"超级美洲豹"正在研发过程中，然而，1979年法国航宇工业公司引入了AS 332M（军用）以及AS 332L（民用）机型。这两种机型在长度上增加了30英寸（76厘米），可以多搭载4名乘客。加长后的"超级美洲豹"于1983年进行了验证测试，并可以在结冰情况下飞行——这对于执行近海任务以及搜索救援任务是非常重要的性能。1986年，"超级美洲豹"系列直升机换装了Makila A1涡轮轴发动机，"1"用来标记换装后的直升机（例如，AS 332B改为AS 332B1）。法国航宇工业公司同时也开始引入更加专业的军用型号，包括AS 332F/F1，该型号为一款可以装备AM39反舰导弹的海军型号。"超级美洲豹"的命名也变得更加复杂。在20世纪80年代末，基本的军用"超级美洲豹"直升机被分为两类——AS 332M1"超级美洲豹"Mk I以及AS 332M2"超级美洲豹"Mk II。Mk I是AS 332M（加长型的AS 332B）装备Makila 1A1发动机后的机型。Mk II进行了再次加长，这次加长了2英尺6英寸（0.76米），增加了足够一排座椅的空间。另外，也采用了Makila 1A2发

动机。同样的改装措施也用在了民用的AS 332L1/L2机型上。1990年，军用型号重新进行了命名。开始使用新的命名规则，AS 532采用了新的名字—"美洲狮"。针对逐渐面世的一系列的直升机型号，法国航宇工业公司（很快成为欧洲直升机法国公司）采用不同的后缀加以命名：U，非武装军用机型；A，武装机型；S，反舰/反潜机型；C，短机身，军用机型；L，长机身军用及民用机型。基本的机型命名为AS 532UC（原AS 332B1）。

下图：AS 332F1"超级美洲豹"是一款海军用机型，装备有可折叠的尾翼浮筒用来进行着舰操作，并且可以装备AM39 Exocet导弹。

本页图：法国航宇工业公司将AS 532U2机型的机身加长了2英尺6英寸（0.76米），可以容纳多达25名乘客。U2型号同时增加了两个机舱窗口并增加了载油量。

上图：AS 532UC保留了原来的"美洲豹"机舱容量。然而，在主旋翼轴线下方的舱底开口可以用来吊挂运输多达9920磅（4500千克）的货物。

"美洲狮"是一款短机身运输型号。AS 532UL（原AS 332M 1）是基本的军用运输机型，由加长型Mk 1机型升级而来。AS 532AL是AS 532UL的武装版本。长机身型的AS 332F1的海军专用型号称为AS 532SC，沙特阿拉伯皇家海军是其主要客户。该型号可以装备AM39 Exocet AShMs导弹。AS 532U2（原AS 322M2）机型是加长并更换发动机后的军用运输机型，AS 532A2是其武装版本。AS 532A2

是法国空军RESCO型武装搜救直升机的主要力量。RESCO型"美洲狮"装备有空中加油管、前视红外线系统、GPS导航系统、人工定位系统、高精度自我防卫系统以及外挂武器系统。RESCO型直升机的发展开始于1995年，首架RESCO型"美洲狮"直升机于1999年交付法国空军使用。运输型AS 532U2s机型目前在法国、荷兰、沙特阿拉伯以及泰国的空军中服役。最后的（基本）"美洲狮"机型于1997年研发，即AS 532UB"美洲狮"100机型，一款简化后的"低消耗"运输机型，该机型没有装备机侧突座，安装了升级后的主起落架及其配套设备。武装型号被命名为AS 532AB。

授权生产

AS 332/532系列机型在印度尼西亚航空工业公司（编号为NAS 332）、西班牙的西班牙航空制造公司（CASA）以及瑞典的F+W公司进行授权生产。部分军方根据自身编号规则为"超级美洲豹"/"美洲狮"进行命名，包括西班牙（HD.21 SAR以及HT.21 VIP运输机型）和瑞典（Hkp 10）。法国陆军航空兵也采用了AS 532UL机型来携带其

HORIZON战场监控雷达。早期在海湾战争中使用过的Orchidee系统目前被"全方位"HORIZON雷达及其相关地面网络站点所取代。目前有4架该机型在前线服役。到1999年年末，超过550架欧洲直升机公司的AS 332/532直升机在45个国家77家客户中服役，一些包括EC 725在内的新的型号也相继面世。军用、准军用及政府用户包括巴西、喀麦隆、智利、中国。

下图：西班牙陆军航空兵的AS532"超级美洲狮"/"美洲豹"直升机同UH-1s、AB212s以及支奴干机型一起，执行战场转移任务。

SA 341 "羚羊" 武装侦察直升机
Aérospatiale SA 341 Gazelle

简介
Introduction

英法合作生产的"羚羊"直升机是一种功能强大的通用轻型武装直升机，并在数次国际冲突中出场，但其结构易脆性仍招致一些诟病。

下图：首架于1974年交付使用，目前科威特仍保留16架"羚羊"（共计24架），服役于萨利姆阿里沙巴空军基地的第33中队。

在"云雀"二代成功之后，Sud公司开始研发新一代更加快速机动灵活的机型。透博梅卡，一家当地的涡轮轴发动机生产厂家提出了一种配备更加强大的发动机的设计方案，但是"羚羊"（以及所有之后的法国直升机）都受益于在1964年同东德保尔柯公司关于合作开发玻璃–纤维材料旋翼桨叶以及配套刚性旋翼头的协议。复合材料旋翼是在这个时期出现的新的发展趋势，通过在桨叶制造中的突破性发展，使结构轻便、高强度、抗冲击等特点整合，并降低了维护需求，提高了疲劳寿命。

"羚羊"选用函道式尾桨，驾驶舱采用半硬壳式结构。座舱的中后部大量使用合金蜂窝壁板，而机身构架和尾部则采用金属片材料。采用更大的座舱玻璃方便驾驶员和观察员观察，通过向前开的舱门可以进入座舱。通用的军用滑橇式起落架对

上图：Soko组装了超过250架"羚羊"（当地称为Partizan），并研发了两种完全不同的改进型分别用于反坦克（GAMA）以及侦察（HERA）任务。

所有的"羚羊"型号均适用。

1967年4月7日，前身为Sud X-300的SA340进行了处女试飞。在使用了传统旋

下图：在马岛海战中，英国陆军和海军的"羚羊"被广泛使用并遭到了一定数量的损失。由第三CBAS部队操纵的"羚羊"配备有火箭弹以及机枪，但大部分没有装备武器，用于侦察任务。

翼的验证机身之后，1968年4月12日，采用刚性旋翼和函道式尾翼的更具代表性的SA340样机出场。然而问题也随之产生。在"云雀"机型上测试了四桨叶布局的新旋翼之后，Sud发现了三桨叶布局存在着严重的控制不足问题，这也促使对半硬壳式结构进行更改，改进后的型号称为SA341。

该机型在1969年7月被称为Sud"羚羊"，但是直到1970年1月Sud被新的法国宇航公司收购之后才正式更名。然而，之后的问题使其服务认证许可被一再推迟。

法国服役情况

"羚羊"的第一架样机在1973年进入陆军航空队（Aviation Legere de l'Armee de Terre）服役，并逐渐取代"云雀"二代机型。最初的机型属于基本设计型

上图：一架陆军航空队（ALTA） SA342在树丛上空发射HOT导弹。HOT导弹是法德联合研发的重型反坦克武器，采用管道装填和有线制导。

号，配备了Astazou三代发动机，起飞重量3968磅（1800千克）。然而，法国宇航公司在同年试飞了SA342机型并开始服役，SA 342M（设计于ALAT）采用了AstazouXIVM发动机使其起飞重量达到4189磅（1900千克）。1985年，法国宇航公司开始进行SA342L的进一步改进研发。

目前在陆军航空队服役的轻便灵活的"羚羊"有多种型号：基本型SA341F"羚羊"被用在训练、重要人员接送以及侦察任务当中。SA 341F2"羚羊/加农"配备有M621 20毫米榴弹炮，主要用于执行火力压制及反直升机任务。SA342ML1 "羚羊"ATAM（空对空导弹）配备四发MATRA/BAe Dynamics Mistral

AATCPs（近距离空对空导弹）。反坦克机型SA 342M"羚羊"HOT配备四发Euromissile HOT导弹，足以摧毁2.5英里（4000米）范围内的所有武装车辆。这种型号在接下来的两年当中将逐渐退役并被"羚羊"的最新验证机型"Viviane"所取代。SA 342M1"羚羊"Viviane针对HOT导弹装备有夜视激光测距仪以及热成像系统，同时采用欧洲直升机公司的Ecureuil旋翼桨叶来弥补起飞重量的增加。2003年，当欧洲直升机公司的第一架"虎"式直升机交付使用后，"羚羊"将逐步被取代。"羚羊"相对较低的费用，简单方便的操作以及优良的性能使其成为其他几个国家的普遍选择，在用户当中仍受到普遍褒扬，称赞其出色的灵活性、较低的视觉、雷达和红外线侦查特征，以及在座舱罩里不受限制的良好视野效果。

英国生产情况

根据1967年的协议，韦斯特兰公司得到"羚羊"的生产许可。从1973年首架交付空军使用到1983年生产线停产，一共生产了282架"羚羊"。除了12架（其中10架用于民用，2架用于卡塔尔警方）外，其余全部被用在本国军事使用，包括作为FAA和RAF的飞行员训练用机。

今天，"羚羊"在英国的使用已明显减少，RAF的样机已经由AS 355F1"双松鼠"（Twin Squirrels）所取代，而在FAA和部队中，"山猫"（Lynx）已经代替了大部分"羚羊"的角色。

陆军和皇家海军的"羚羊"在马岛战争中被部署在岛上，其效果毁誉参半。尽管"羚羊"的参战非常有价值，但它在小火力面前仍显脆弱，并损失了几架。

"羚羊"出口情况

超过1500架"羚羊"最终出厂并在大约40个国家和29支部队中服役。直到今天，仍有包括塞尔维亚、喀麦隆、埃及、爱尔兰、利比亚、阿拉伯联合酋长国以及南斯拉夫在内的21个国家继续使用"羚羊"。

很多"羚羊"起到了重要的作用：伊拉克的"羚羊"在第一次海湾战争中被用来攻击伊朗的运输船和装甲车，叙利亚的"羚羊"在1982年入侵黎巴嫩的战争中对抗以色列人但并不成功。实际上，一架"羚羊"被以色列人俘获并重新喷涂成以色列国家的颜色。南斯拉夫和塞尔维亚有大量的Soko生产的样机，但经过十余年的冲突，目前其数量很难确定。

不考虑其寿命，"羚羊"在数支重要的空军中仍是重要代表。它可能不再满足现代战争直升机的价值标准，但是在其他方面，凭借其快捷迅速、易操控性等特征，"羚羊"仍是现代战争格局中不可或缺的助手。

"羚羊" AH.MK 1

　　法国和英国的部队仍然是"羚羊"的主要使用者，采用在战场中扮演侦察角色的机型。这款机型驻扎在中沃乐普的陆军航空兵中心，主要用于Basic Rotary中队或者第670中队的训练，其训练受Dayglo中队指示。目前这项任务已经由"松鼠"（Squirrel）所取代。

函道式尾翼

　　13个轻质合金桨叶组成了尾旋翼，上面覆有垂尾，通过桨叶的运动来改变桨距。悬停时耗费大量能量是函道式尾翼的缺点，但是这种覆盖式尾桨的飞行安全性优点也是显而易见的，弥补了当中的不足。

VHF/FM导航设备

　　ARC 340装备有双极天线用于无线电导航，在座舱的姿态仪表盘上显示有航向指示信息。在尾椎下方也装有同样的通信装置。

挂载

在一些军事行动中，挂载被安置在尾梁上对直升机起平衡作用。这些设备包括Spectrolab SX-16 NightSun，Canadair侦察吊舱，4英寸（10.2厘米）照明弹和SNEB（2.7英寸）68毫米口径火箭弹吊舱。

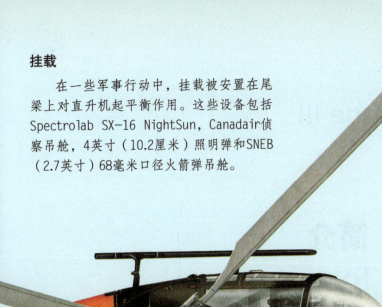

后部乘客座椅

后部提供了可供三人乘坐的长凳式座椅，在后面有额外的物资储放空间。这些设备可以移走，左手边的座椅可以放置担架。

达索幻影III
Dassault Mirage III

简介
Introduction

达索公司本来的设计概论是轻型的、超强性能的战斗机，结果幻影III成为了比同时期复杂战斗机更简单更便宜的机型。这款机型融合了许多进展，并且有很多改变机型，使得它在出口上获得了相当可观的成功。

达索公司的三角翼飞机

毋庸置疑的是，重新修复了法国作为航空器设计领域内领军者的名誉的飞机是达索公司的幻影III。法国飞机行业在第二次世界大战中受到极大破坏后，在接下来的十年里奋起直追，希望赶上英国和美国，并且由于法国军队的飞机目录里日益增长的国产战斗机比例，逐渐能满足法国的民族自豪感。这款飞机在出口上获得了一些成功，但是直到"幻影"家族系列飞机的出现才使得它引起了世界对法国军队工业尤其是对通用航空马塞尔达索公司的高度关注。

"幻影"已经成为了达索公司随后所有战斗机和战略轰炸机的通用名称，最初的系列是幻影III，5和50。幻影系列飞机被多国空军采用，并且由于显著地易操

纵性，卓越的战斗性能拥有了超过30年成功的生产历史，即使现在仍然被翻新和修改来作为其他用途，保证它将在工作中来纪念庆祝它的50岁生日。很少有飞机能比得上幻影飞机的丰富的生产历史，包括生产、特许生产以及盗版生产，并且在此期间，为了满足各种客户的需求飞机不断地精细化和再精细化。

幻影飞机的起源可以追溯到早期1952年，当达索公司获得了一项为"神秘"战斗机系列飞机的一种改型的研究合同，即M.D.550"神秘–三角"飞机。因此一些准备性的工作已经完成，这时在1953年1月28日，美国空军参谋部公布了对一款

上图：幻影ⅢC的首次生产是从相当小的"神秘–三角"（Mystère Delta）研究机发展而来，以及幻影Ⅲ（见上图）和幻影ⅢA。幻影Ⅲ飞机首次使用了由法国斯奈克玛公司（SNECMA）提供的阿塔尔（Atar）动力装置研发的机身。

轻型战斗机的需求，要求这款飞机能融合在朝鲜战争中吸取的教训。提出的参数包括：最大重量小于4吨，最大速度达到1.3马赫数，能携带一个441磅（200千克）的空对空导弹和着陆速度小于112英里/小时（180千米/小时）。动力选择在于（如果需要融合的话）新的斯奈克玛阿塔尔二次燃烧涡喷发动机、轻型涡喷发动机、液体燃料火箭发动机和固体火箭。无人机也是

本页图：在2004年，巴基斯坦空军成为了幻影Ⅲ/5家族的最后主要拥有者，它主要通过澳大利亚、法国和黎巴嫩的旧的样机各种不同的渠道来获得。

上图：幻影ⅢA 05号以阿塔尔9涡喷发动机为动力，是首个完成了标准化生产机身的幻影型号。尽管拥有机头雷达天线罩，Cyrano Ibis雷达其实并不合适。

得到认可的。

　　他们得到的回复包括布雷盖1002，Nord Harpon以及Morane-Saulnier 1000，但是只有东南杜兰达尔、西南三叉戟和达索神秘三角飞机获得了每个制作两架样机的订单。火箭推进的神秘三角飞机在1955年6月25号进行了首飞，并且很快被命名为幻影I，但是由于太小而不能装载有效的武器雷达。同样正在绘制的有双发动机的幻影II；幻影III携带单发的Turboméca

阿塔尔涡喷发动机和满足面积律的机身，稍后融合了简单但是高效的几何形状可变的进风口，以及幻影IV。

未来的项目

　　最后令美国空军参谋部震惊的是发现轻型战斗机概念项目是战斗机设计和战略防御上的死胡同。于是，在1956年，原有的规格被升级到"阶段二"，这就需要多功能的、装备雷达的战斗机，这时只有达索公司处在能在这十年末提供满足要求的机型的位置。

　　达索公司跳过了幻影II阶段，将III发

上图：最初澳大利亚空军打算拥有当地生产的以劳斯莱斯Avon涡喷发动机为动力的幻影ⅢO，并且一架样机已经实行了试飞，但是最后他们还是因其简便性选择了Atar发动机。在100架样机中，除了两架，其他所有的都是由联邦航空器公司建造（Commenwealth Aircraft Corporation），这款机型一直为澳大利亚空军服役直到1988年。

展到满足要求的标准，此时Ⅳ已经扩大到战略轰炸机。达索公司在一年之内以惊人的速度生产了幻影Ⅲ机身，使得飞机能在1956年11月17号翱翔蓝天。

怎样将研究的模型转换为服务型的战斗机是10架幻影ⅢAs前期制作的任务，1958—1959年，它们渐渐融合了CSF Cyrano Ibis 截取雷达和空战电子设备。很多时间被花费在改善SEPR 841火箭发动机在后机身下方的安装上，虽然这在空军中队任务中很少使用，而且也没有引起外国

顾客的任何兴趣。火箭发动机是为了提高飞机高空性能，并且也一定不会减低低空性能，在1958年10月24日，幻影ⅢA一号仅操纵阿塔尔发动机达到了两倍声速。这是欧洲飞机首次在没有涡喷发动机的帮助下达到这样的高速，因此幻影Ⅲ号在一个月后以2的马赫数打败了英国电气公司的闪电号飞机。

最后确定的幻影ⅢC拦截机在1961年7月被运达第一个服役的空军中队。尽管作为非常先进的飞机，但是幻影飞机对特殊操纵的要求不高，并且可以由航空日志上少于300小时没有很多训练经验的飞行员操纵飞行。只有在着陆的时候因为狭窄的三角构型和相应的高机头姿态而需要特别小心。从最开始，训练就包括停火着陆，这是在当时的三角飞机中没有尝试的。

法国空军的幻影ⅢCs装备有Cyrano Ⅱ

空气截取雷达，同时在机身下面拥有一个大的马特拉公司（MATRA）的R.511（后来的R.530）制导雷达AAM，作为内置的30毫米的双发机关炮的补充。地面攻击军火也可以被安装，并且在80年代时候一对翼下MATRA Magics被添加作为可选的AIM-9响尾蛇导弹的替换者。

幻影飞机成为真正的多功能飞机是在1961年4月5日实现了它的首航，第一次舒展开IIIE。幻影IIIE型号飞机被分配作为战地空优战斗机的角色，同时携带常规军火或者AN52战略核武器作为表面攻击用途。一个相关的改型IIIR，给法国空军提供了所有的战略侦察直到1988年被逐步淘汰。

本页图：除了当时大多数新的单座战斗机之外，还有一款双座教练机型：幻影IIIB。购买该样机的有法国空军和以色列空军（IIIBJ型号），瑞士空军（IIIBS型号）和南非（IIIBZ型号）。

出口的成功

澳大利亚军方采用幻影III作为其唯一的单座战斗机，以色列使它成为以色列军方的首要战斗机。在第三次中东战争中，幻影III决定性证明了它的多用途性。在1967年6月5日，一波接一波的幻影飞机和以色列其他飞机毁灭性地打击了埃及、约旦和叙利亚空军的地面部队。

以色列对幻影系列飞机非常满意，并且预订了第二批的简化机型，减去了雷达。作为装备了晴天积云可视拦截系统的战斗轰炸机，幻影5号为达索公司开拓了新的市场，主要通过降低购买价钱和减少维修要求。

阿联酋，埃及、利比亚和巴基斯坦都

接受了侧面漆有"幻影5号"的飞机，但是实际上在所有最重要的部分都是IIIEs，包括Cyrano雷达。也许这个策略是为了消除对高科技出口的政治和新闻媒体的批评，尽管这极大程度上混淆了航空历史学家的视听。

其他衍生产品

幻影5号在投放客户时被拒签，与此同时，法国正确地预言了他们通过将军火卖给邻近的阿拉伯国家可以赚更多的钱。在幻影5号系列飞机被禁运以后，以色列航空工业公司内谢尔（IAI Nesher）从1971年开始建造仿制复制他们自己的机型。一个重新设计的带有美国发动机和以色列航空电子设备的机型产生了，即IAI幼狮飞机，从1975年4月陆陆续续被运送到以色列空军中队。

智利和委内瑞拉购买了幻影50机型，

即幻影5号的改型，更新了阿塔尔9K50发动机，此款发动机本来是为幻影F1号飞机定做的。

一些幻影系列飞机经历了中期改进项目，特征在于更新了航空电子系统和其他一些改变。智利和南非使用了以色列的技术来生产他们自己的改良飞机，即潘多拉号飞机和猎豹飞机。总共（包括特许生产）1422架幻影IIIs，5s，50s机型的飞机被建造。

本页图：西班牙的幻影IIIEEs被当地称作C.11s。就像许多幻影的拥有者一样，西班牙空军计划将幻影飞机进行升级，但是由于预算缩减直到1992年甚至比预期早退役也未能实施。

本页图：南非空军拥有过多的幻影III的改型机，尽管如今只有先进的猎豹C飞机仍然在使用。图中为第二空军中队的IIIEZ飞机在对一个地面目标进行发射火箭弹。

服役中的幻影
Mirage III in service

幻影III家族是达索公司系列产品里最典型的，它们被广泛使用，原因在于很多顾客没法承担或者被禁止购买最新的美国飞机，所以转向法国的产品来满足自身需求。

上图：西班牙的幻影飞机在1978年进行了微小更新（即更新了RWRs），但是在1991年更大程度的升级计划被取消了，而且1992年这些飞机就被停止了服务。

    法国空军订购了59架幻影IIIB训练机、95架幻影IIIC和183架幻影IIIE，以及70架幻影IIIR和IIIRD机型。训练机和战斗机从1961年开始装备在第戎/隆格维克的第二空军联队（Escadre de Chasse）（包括1/2飞行中队"Cigogne"、2/2飞行中队"Côted' Or"和3/2飞行中队"Alsace"），在南希/奥谢第三空军联队（包括第1/3飞行中队"Navarre"、第2/3飞行中队"Champagne"和第3/3

飞行中队"Ardennes"）从1965年开始装备，从1966年开始装备在卢克瑟（Luxeuil）的第四飞行联队（包括第1/4飞行中队的"Dauphine"、第2/4飞行中队"La Fayette"），从1966年开始在奥朗吉的第五飞行联队（包括第1/5飞行中队"Vendée"和第2/5飞行中队"Ile de France"），在克雷伊的第十飞行联队（和在吉布提的一个空军中队）（从1974年开始）（包括第1/10飞行中队"Valois"、第2/10飞行中队"Seine"、驻扎在非洲的第3/10空军中队"Vexin"），以及在科尔马的第十三空军联队（从1966年开始）（包括第1/13

空军中队"Artois"和第2/13空军中队"Alpes"）。

幻影IIIR飞机在1963年开始服役于在斯特拉斯堡的第三十三空军侦察联队（包括第1/33空军侦察中队"Belfort"、第2/33空军侦察中队"Savoie"和第3/33空军侦察中队"Moselle"）。在1975年第五空军中队转换成幻影F1C，此时第十空军中队也在1981—1988年之间陆续进行了转换。在1983年第二空军中队转换成了幻影2000C，在1987年第四空军中队退出了优先装备幻影2000N的机会，而第三空军中队在1994年转换成了幻影2000N。在1992年6月第1/13空军中队转换成了幻影F1CT，而第2/13空军中队在

1977年转换成了幻影5F。侦察部队，即第33侦察联队在1983—1988年间重新装备了幻影F1CT。

出口机型

西班牙空军于1970年6月接受第一批30架幻影III号（6架IIIDE训练机和24架IIIEE战斗机），装备了在巴伦西亚省的马尼塞斯的第11战斗机联队。幻影最初作为拦截机，携带AIM-9B响尾蛇导弹和马特拉R530FE AAM，但是后来被转变

下图：瑞士的幻影IIIRSs侦察机服从于第10空军中队的调遣直到1992年，之后这支空军中队被整编为第3和第4空军中队。

本页图：这架幻影ⅢB带着ECT 2/2的SPA94 "黄金海岸"的标志，为法国空军的幻影Ⅲ号飞机进行改装和训练的部队。这支部队目前作为EC2/2在操纵幻影2000-5F机型。

为战斗轰炸机的角色，主要由于该机型缺乏电子抵抗设备。

瑞士采购了一支由61架幻影Ⅲ号组成的舰队，大多数是ⅢS号拦截机，但是也包括1架幻影ⅢC号、2架ⅢB型号，2架ⅢD训练机和18架ⅢR侦察机。这些ⅢS拦截机里有34架，三架BS训练机和侦察机是在当地生产的。这些飞机在20世纪60年代中期开始服役，代替了英国霍克公司的"猎人"号战斗机，而这些被淘汰的飞机转杯地面攻击的角色，而那些侦察机替换了德哈维兰的"毒液"

号飞机。幻影ⅢS战斗机由第16和17飞行中队进行飞行。所有剩下的幸存的飞机在20世纪80年代都升级了鸭式布局、雷达预警接收机以及改良过的设备，并且ⅢS机型改装成了灰色的空中优势机。这些ⅢS拦截机最后由F/A-18"大黄蜂"飞机所取代，并且在1999年12月31号最终退役，只剩下ⅢRS侦察机和训练机还在使用中。

以色列在1961年7月到1964年7月期间接到了72架幻影ⅢCJ飞机，和5架幻影ⅢBJ训练机。这些飞机装备了以色列前

线的防御战斗机中队直到它们在20世纪60年代后期被F-4E"鬼怪"飞机和国产的"内谢尔"和"幼狮"幻影仿制机，主要由于飞机在以色列频繁的战争中损耗非常大。已知的操纵幻影III号飞机的有第101、113、117、119和190飞行中队。最后的19架幻影IIICJ和3架幻影IIIBJ于1982年被出售给阿根廷。

南美

阿根廷在1970年10月预订了10架幻

影IIIEA和2架IIIDA，并且这些最后在1973年7月开始使用。另外增加的7架IIIEA飞机（与R530空对空导弹兼容）在1979年被运达。这些飞机装备了第8部队的在布宜诺斯艾利斯的第一飞行联队，在马岛战争中曾派遣分队到里瓦达维亚将军基地和里奥加耶戈斯。这支部队在战后获得了另外两架训练机，但是母部队第八部队在1988年2月被解散，第一飞行中队改编到在坦迪尔的第6部队。然后它被并入到第二和第三飞行联队。总计达19架前IDF/AF幻影IIICJ和3架IIIBJ

上图：澳大利亚第二作战部队第77飞行中队以他们全神贯注的飞行训练以及获得一个舰队的承诺支持而非常地骄傲自豪，到1985年这支部队拥有了40架幻影飞机。

飞机被运送到作为损耗替代装备了第55飞行中队（编号55是为了纪念在马岛战争中被杀害的55名机组人员），并且在1983年加入在门多萨省的El Plumerillo地区的第四部队。幻影IIICJ在1996年停止飞行，除了少数用作实验飞机，而且第55飞行中队也被解散了。巴西在1972年接收了第一批20架幻影IIIEBR飞机和8架IIIDBR训练机。这些飞机用于装备驻扎

在阿纳波利斯的第一防空兵群。剩下的6架飞机（4架单座机）都是前法国空军服役机，经过翻新和更新了航空电子设备、鸭式布局和其他改善，从1988年开始运送至巴西空军。巴西空军的原有的10架EBR和2架DBR也陆续的更新为同样的标准。

委内瑞拉的幻影舰队主要包括幻影5和50，但是也包括7架IIIEV拦截机（与法国空军的幻影IIIE相同）和3架IIIDV训练机。所有的都被更新为标准的幻影50，从1990年起通过增设加油探管、鸭式布局和先进系统来改善。这些飞机都

都被改装成普遍标准的IIIO（F/A）。

第76飞行中队在1973年被解散，此时在1985年1月第2操纵转换部队从训练角色转换到第77飞行中队，随后变为F/A-18转换训练部队。转换为F/A-18的过程开始于1987年7月，并且最后的9架于1987年退役。第75飞行中队在1983年从马来西亚调动到了达尔文，最后在1988年晚些时候转变成"大黄蜂"机型。第3飞行中队在1986年退出，尚未决定是否转换为F/A-18，但是它的飞机全被新成立的第79飞行中队接管，并且保持活力直到1988年4月，澳大利亚皇家空军在马来西亚的统治走到了终点。澳大利亚皇家空军的剩下的幻影系列飞机于1989年早期在飞机研究发展部队退役并且有50架飞机被出售给巴基斯坦。

由在El Libertador的第11航空兵群操纵。

澳大利亚皇家空军购置了49架战斗机型的幻影IIIO（F）以及51架IIIO（A）战斗轰炸机，以及16架幻影IIID双座训练机。这些飞机从1963年开始被运送，用于装备在新南威尔士州的第81战斗机联队和在马来西亚的巴特沃斯的第78战斗机联队。新南威尔士战斗机联队本来包含第2操纵转换部队和第75飞行中队、第76和第77飞行中队，第75飞行中队在1967年5月被部署到巴特沃斯，随后第3空军中队也加入其中。在1968年到1971年之间，所有幸存下来的单座机型

南非空军的幻影飞机

南非空军在1961年评估了幻影III飞机，并且在1962年预订了16架幻影IIICZ拦截机和3架IIIBZ训练机。这些飞机用于装备在沃特克鲁夫的第二飞行中队，后来于1975年转移到侯斯普瑞特。随后加入南非空军的是17架多功能幻影IIIEZ和3架幻影IIIDZ和11架幻影IIID2Z训练机，以及4架IIIRZ和4架IIIR2Z侦察机。大多数幻影IIIC飞机于1990年停止使用，尽管第二飞行中队并没有官方意义上解

散，两架幻影III号飞机甚至在部队于1993—1995年重新装备了"猎豹C"飞机后仍被保留作展览之用。在沃特克鲁夫的第三飞行中队于1975年4月将其IIIEZ和D2Z转换为第85号空军标准（AFS，后来称作ACS），被使用直到从1983年到1988年开始的转换为标准"猎豹"飞机的过程。

双座"猎豹"D号飞机最初从1986年7月开始供新成立的在彼得斯堡89战斗飞行模拟部队使用，后来在1992年转为供在路易特里哈特第二飞行中队训练飞行使用。单座"猎豹"E号飞机从1988年3月到1992年10月由在垂查得的第五飞行中队使用，直到这支飞行中队解散，这些飞机就被存放起来。第二飞行中队自从1993年开始操纵先进的猎豹C号飞机。

巴基斯坦空军于1967年订购了18架幻影IIIEP拦截机，后来增加了3架幻影IIIRP和3架IIIDP训练机。这些从1967年后期开始装备了位于萨戈达的第5飞行中队，后来在1984—1985年间迁移到拉斐齐。两架IIIDP和10架IIIRP于1970年和1975年到达，以及一些幻影5号飞机。这些幻影IIIDP飞机被新成立的幻影5部队所操纵，然而新的侦察机最初由第20飞行中队所有，直到后来和IIIEP机型一起被集中到第五飞行中队。巴基斯坦空军后来购买了50架前澳大利亚皇家空军的幻影IIIO和IIIDO训练机，并且在这些飞机于1990年到达时，翻新了足够的飞机来装备两个空中防御部队。

下图：如今，巴西F-103E（即幻影IIIEBR）舰队以一只独立的飞行中队在运行，第1°/1°GDA在阿纳波利斯。

幻影5/50系列飞机
Mirage 5/50

简介
Introduction

当原来的幻影III号飞机在逐渐退出使用的时候，后来的幻影5和50号飞机，随着众多的改型机一起，开始供那些还无法负担起第四代战斗机的各国空军使用。

在第二种衍生型号中，第五号幻影，最初在采用阿拉伯数字"5"之前是以罗马数字"V"命名的。它来源于以色列定制的战斗机，要求与正在使用的幻影III尽可能相似，但是拥有雷达和一些其他减少花费的设备，以及更快的转向。基于幻影III机身，这款集"新旧"于一身的飞机达到了大于2的马赫数性能以及半准备机场操纵能力，但是配置了法国西普公司的火箭发动机，同时在机翼和机身下方结点处增加了第六和第七个硬点。然而武器装备

能力保持在8 818磅（4000千克）。

最显而易见的改变在于鼻尖整流罩的移动，更尖的坚固的圆锥体增加了20.75英寸（约合0.53米）的机身长度。这款机型，空速管被挂在鼻尖下方以便于一个EMD（马塞尔达索公司的电子设备）阿依达（Aïda）测距雷达（注意不要跟超级阿依达雷达弄混淆，超级阿依达原本是为幻影IIIC设计的）根据需要得以安装。在飞机机头里的电子设备的重新排放使得设备舱到驾驶舱后部都富余了一些空间，这

上图：比利时的幻影5BA舰队在1989年开始进行改良幻影安全性项目（简称为MirSIP）。这个项目包括融合鸭式布局、零弹射座椅（零高度和零空速）和先进的航空电子设备。然而，这个机型在项目快要完成时退役了。

些空间被用来增加了103加仑（470升）油量，使总油量增加到750加仑（3410升），因此作战半径从745英里增加到800英里（即从1200千米增加到1288千米）。

在1967年5月19日首飞后，幻影5号飞机遭遇了不小的挫折，此时以色列订购的50架幻影5J飞机被法国政府禁止了。这些飞机最后被法国空军改为担任攻击角色的

幻影5F机型，将其额外部分发挥到极致，包括雷达警告接收器、VOR天线、在小机头整流罩里的ESD阿依达测距雷达以及一个翼根倒圆角。1983—1985年，另外的8架飞机被运送到法国空军，第58架成为了供应给法国空军的第465架幻影飞机以及最后一架幻影III/5型号的飞机。机外挂载包括RPK100、110加仑（500升）油箱、Belouga集束炸弹、火箭弹以及空对空导弹。

幻影5号飞机的具体组成部分从来没有被制造商准确透漏过，尽管在20世纪80年代后期达索公司重新评估销售总额时，

将那些先前被称作幻影5号的装备了雷达的飞机归类为幻影III号飞机。双座训练机和侦察机版本也都似乎无法与其前身区别开。操纵项目包括阿依达测距雷达（阿联酋、埃及、加蓬、利比亚、巴基斯坦、委内瑞拉）、VOR天线（阿联酋、哥伦比亚、秘鲁、委内瑞拉和扎伊尔）、雷达预警接收器（阿联酋、埃及、加蓬、利比亚和巴基斯坦）以及翼根整流片（哥伦比亚、埃及、加蓬、利比亚、秘鲁、委内瑞拉和扎伊尔）。

出口的改良了攻击性能没有搜索雷达的改型机幻影5号对阿联酋的是5AD

型号（12架），对比利时是5BA型号【63架，其中62架由比利时萨布卡公司（SABCA）和费尔雷航空公司（Avions Fairey）建造】，对哥伦比亚的是5COA型号（14架），对埃及的是5E2型号（16架），对加蓬的是5G/5G2型号（分别是3架和2架），对利比亚的是5D型号（53架），对巴基斯坦的是5PA型号（28架），对秘鲁的是5P/5P3/5P4型号（分别为22架、10架和2架），对委内瑞拉的是5V型号（6架），以及对扎伊尔的是5M型号（8架）。

幻影50

这个没有按顺序的排号主要来源于发动机设备的改变，由阿塔尔09K-50发动机取代了原来基础幻影III号和无雷达的5号装备的09C发动机。幻影50尺寸上跟众原型相似，但是在推力上提高到11055磅（49.20千牛）"干式"以及二次燃烧后达到15 870磅（70.60千牛），进气量增加到每秒158磅（72千克）。所有的压缩机阶段都是钢化的，但是细节上有些改变（例如内部表面检查仪的内部探测器）以至于与09C型号只有45%的共同点。幻影50的外部标志在于进气分流板，区别于之前的直的，改变成曲线向前趋于机身后缘上部的一对冷空气进气道与中心体半圆锥的交点处。幻影50采用了幻影III和5号的

本页图：尽管高迎角能力得到改善，但是攻角最大值（因此速度和着陆速度）被尾刮的危险性而限制。MirSIP飞机上没有加入另外的制动系统，因此着陆距离仍然保持在一个很大值为1 830米（6004英尺）的距离。

上图：哥伦比亚的双座幻影5COD飞机被装备的是面积减小的（减少了大概50%的面积），采用了"幼狮"型号的鸭式布局。如今仍有不少幻影5COA/COD飞机在哥伦比亚空军服役，作为空中防御和攻击角色在使用。

90%的结构部分和95%的系统部分，但是它额外的推力能够带来很多便利，例如起飞滑跑减少了15%~30%；1896磅（860千克）额外的总重量；87英里（140千米）额外的航程或者807英里（1300千米）的作战半径；海平面爬升率增加到607英尺（185米），较之前增加了30%；在马赫数为2时time-to-height时频减少了35%以及巡航时间增加了40%。

最初幻影50被认为是幻影5号的更新机型，带有阿依达2号测距雷达、TRT射电测高计、高诺斯（Crouzet）空气数据计算机以及可旋转武器瞄准。可供选择

的有50A型号带有Agave雷达和50C带有Cyrano IV，以及所有的型号都拥有与一个Crouzet 93计算机或者惯有的惯性导航系统（INS）同步的EMD RND 72多普勒仪。

汤姆逊-CSF的Cyrano IV-M3在Cyrano的原型上体现了非常重要的进展。这种M3型号集合了基础的第IV系列（曾安装在幻影F1上）以及RDM和RDI雷达（幻影2000）的先进技术，但是它仍然与老版飞机的航空电子系统相兼容。通过设计模块，它拥有空对空、空对地和空对海模态，并且显示给飞行员信息时有头上以及头下显示器，同时还提供了例如地面绘图、TFR下降以及等高线分割等导航功能。INS和导航/攻击计算机都因此标准化，并且幻影5/50要么是无雷达，要么能安装为了能与飞鱼反舰导弹使用海上优化

的Agave。一些幻影5/50版本有7个可供选择的硬点，但是标准的是5个，每个单独在中心线上能装载最大达2 601磅（1 180千克），3 704磅（1680千克）在翼内侧位置和370磅（168千克）在翼外侧，尽管总重量不能超过8 818磅（4 000千克）。

不少军队都提出了幻影50样机的要求。最初的阿塔尔09K实验平台是幻影IIIC-2型号，而09K-50在1970年5月29号空降于米兰S-01（IIIE型号第589架）。接下来4架IIIR2Z型号机型被悄悄出口到南非，尽管是第一次量产的飞机。然后在1975年4月15日，前米兰空军淘汰了他们的"胡须"（Moustaches）号飞机，成为了第一个正式拥有幻影50样机的军队，该样机带有阿依达机头。它在1979年5月15号被IIIR第301号飞机所取代，此机型目前正与搜索雷达机头竞争，并且被标明是第

一号。

最初以幻影50名称出口的飞机是8架幻影50FC飞机，在1980年以法国空军重置发动机的幻影5F形式被运送到智利，原本新的生产计划是为智利生产的另外6架幻影50C，安装机头的搜索雷达、雷达预警接收器和翼底部的整流片。同时运送的还有另外的3架幻影50DC双座训练机，前两架明显拥有阿塔尔09C-3发动机。委内瑞拉目前正在基于50EV和50DV训练机机型标准化其舰队，并在新生产中分别获得了6架和1架，加上9架和2架来自于改装的。

下图：智利从比利时购买的大多数幻影5号飞机都经历了Mir SIP项目，在智利空军中被敬奉为"上帝一样的幻影"飞机。尽管这款机型后来证明甚至次于本土的智利航空公司生产的"潘多拉C"号飞机。

幻影5BR

幻影5BR拥有者醒目的颜色来庆祝第42飞行中队的70周年。这架侦察幻影5号飞机的机身前缘漆成了红色和金色,飞行中队传统的"红魔"标志也漆在机身中央下方区域。这支飞行中队是第三飞行联队的一部分,位于比耶尔塞(Bierset)(与第8飞行中队并肩作战),后来当第2飞行中队和先前的驻扎在比耶尔塞的第1飞行中队合并转换为在夫洛雷恩(Florennes)的F-16飞行战队时,它便移动到比耶尔塞了。

动力装置

幻影5BR是基于幻影IIIE的机身和发动机装置,因此有着相同的延长的前机身(进气口边缘位于座舱罩后缘)以及可变面积的花瓣式加力燃烧室喷管与13228磅(58.8千牛)阿塔尔09C-3涡喷发动机。比利时幻影飞机的发动机是在当地进行组装和测试的。

操作系统

作为侦察机用途,幻影5BR装备了5个英制云顿类型360度相机,而且有一个可以替换成全景的云顿相机。Loral Rapport II ECM系统从1978年中期开始安装。

油箱

　　幻影5号机翼两侧各有两个集成油箱，每侧的容量达150英国标准加仑（即685升）。总集成油箱容量达到733加仑（3330升），除此之外，还可以通过翼下油箱增加220加仑（1000升）的容量。

枪炮装备

　　幻影5BR和幻影IIIR、幻影IIIRD一样携带有法国DEFA公司的552号30毫米的机关炮，每个拥有125发弹药。

使用中的幻影5/50
Mirage 5/50s in service

与前辈幻影Ⅲ飞机类似，幻影5和50在世界上都取得了销售上的成功。尽管机龄不小，它们仍然装备了不少国家的空军，并且偶尔在战斗任务中亮相，尤其是在克什米尔边界和南非地区。

比利时获得了106架幻影5号飞机，包括63架幻影5BA战斗机，27架幻影5BR侦察机和16架幻影5BD训练机。每种改型的第一架都是由达索公司生产，但是接下来的飞机都由授权的位于哥斯利的萨布卡公司生产。飞机装备了位于列日（Bierset）的第三翼的第1飞行中队，以及位于夫洛雷恩的第二翼的第2和第8飞行中队，以及由第42飞行中队操纵侦察机。

大约20架比利时幻影飞机开始进行一项升级项目使得它们能服役到2005年，但是所有的飞机都在冷战后国防预算削减中停止了使用。这项MirSIP升级项目在10架飞机上得到了实施（由于完全取消需要支付一笔庞大的费用），但是这些升级过的飞机并没有重新进行使用，并且一直被储存直到出售给智利。

在运送的以色列预订的50架幻影5J飞

左图：巴基斯坦因其位于马斯洛尔的第8飞行中队的幻影5P A3飞机是最后的幻影Ⅲ系列飞机的主要拥有者。然而，由于机身老化和与印度长期失衡，巴基斯坦军方正在考虑将幻影a型机替换，幻影2000或者苏-27侧卫飞机都是优先考虑的机型。

机遭到禁令之后，这些飞机被作为幻影5F机型运送到法国空军。其中8架随后被转换成幻影50FC运到智利，被新生产的8架幻影5F所取代。在法国空军服役期间，幻影5F装备了第3/13空军中队（从1972年3月到1993年）和第2/13空军中队（从1977年2月到1994年）。

除了幻影III号飞机，巴基斯坦购买了70架幻影5号飞机。这些飞机包括2架幻影5DPA2训练机、28架无雷达装备的基础幻影5PA飞机、28架带有Cyrano WM雷达的幻影5PA2飞机和12架带有Agave雷达和飞鱼反舰导弹系统的幻影5PA3。这些飞机从1982年开始运送，装备了第8、9、18、20和33飞行中队以及第22操纵部队。第22操纵部队和第8飞行中队的机型目前仍然

上图：第一架幻影5BA在1970年3月6号从波尔多起飞，随后62架样机取代了那个时候在比利时空军服役的F-84F。尽管是MirSIP更新项目的开始，最后的幻影们还是在1993年就退役了。

在使用中。

尽管指定的是幻影IIIR2Z飞机，南非的最后四架幻影侦察机是以斯奈玛阿塔尔09K-50发动机为动力的，因此实际上是幻影50飞机。这些飞机供位于胡德斯普雷特的第二飞行中队操纵。

非洲/中东

利比亚购买了110架幻影5号飞机，包括53架基础的5D机型、15架双座5DD飞机、32架装备雷达的5DE机型和10架5DR

侦察机。从1971年开始运送，目前仍有小部分飞机还在使用中。

沙特阿拉伯为埃及支付了32架幻影5SDE和6架幻影5SDE训练机（单座机型和Cyrano雷达和多普勒仪开始广泛运用于幻影IIIE），从1973年开始运送。早期的飞机为了运送和飞行员训练被喷涂了新加坡空军的标志，尽管它们后来被直接运送到埃及。埃及随后购买了另外22架SDE型号飞机、6架侦察构型的SDR飞机和15架无雷达但是与阿尔法MS2喷气式飞机相同的航空电子设备的幻影5E2飞机。

加蓬于1975和1982年分两批订购了4架双座幻影5DG飞机、5架单座幻影5G和2架幻影5RG飞机，尽管侦察机最后并未能送达。

原法国殖民地扎伊尔从1975年开始拥有8架单座幻影5M飞机和3架双座5DM训练机，由于资金问题另外6架单座飞机始终没有运达。已拥有的11架飞机装备了位于卡米拉的第211飞行中队，但是目前已经停飞了。

阿联酋接收了12架幻影5AD战斗轰炸机、14架雷达/多普勒装备的幻影5EAD飞机（除了名称与幻影IIIE完全相同）、3架幻影IIIDAD训练机和3架幻影IIIRAD侦察

机。从1974年开始运送，这些飞机装备了两个飞行中队，最初由调派的巴基斯坦飞行员操纵飞行。从1990年开始达26架存留的飞机进行了彻底检查，目前大多数处于存储状态。

以色列在50架幻影5J飞机遭到禁运之后，本土生产的以色列航空公司的"内谢尔"便广泛替代了幻影飞机。

南美

阿根廷在幻影IIIEA飞机和"匕首"飞机基础上增加了10架前秘鲁幻影5P飞机，作为马岛战争之后的磨损替代品被运达。这些最初以"借用"的名义装备了里奥加耶戈斯的第6部队，随后被赠送给阿根廷，被第10部队掌握。这些飞机（替代了被击落的"匕首"系列飞机）被升级到马拉标准（与匕首/手指机型大致相同），并且目前仍然在使用中。

8架前法国空军的幻影5F飞机被翻新和改装成50FC标准机型（带有阿塔尔

本页图：在以阿战争的浪潮中，沙特阿拉伯出资为埃及空军采购了38架幻影5号飞机。然而，政治敏感性使得飞机必须涂以醒目的沙特空军的绿色和白色的标志直到1974年10月运送到。

09K-50发动机），并且在1980年被运送到智利。后来在1982—1983年增加了6架新生产的，装备了雷达的幻影50CH和2架幻影DCH训练机，以及1987年运送的一架磨损替代的训练机。这些飞机在圣地亚哥与第四部队一直服役到1986年，后来搬到蓬塔阿雷纳斯。

所有的飞机都在当地由ENAER（在以色列航空公司的帮助下）升级为潘多拉构型，带有"幼狮型"机头和鸭翼，固定加油探管，新的惯性导航系统，平视显示器，雷达预警接收仪和箔条/曳光弹布撒器。潘多拉项目开始于1986年，首先进行了带鸭翼的幻影50机型的试飞，全部更新完成的试飞在两年后，1992年开始运送。

智利的潘多拉系列飞机从1995年开始增加了15架比利时的幻影5BA和5BD，这些飞机已经由MirSIP项目升级到了标准配置，这些飞机与另外的5架飞机一起改装成了幻影5MA和5MD艾尔肯，加上了智利特有的航空电子设备和防御系统。智利还接收了4架未改装的幻影5BR作为侦察

机功用，和一架未改装的训练机。新机型重新装备了第八部队，取代了老化的霍克公司猎人飞机。

秘鲁通过十个合同接收了40架幻影5号，包括22架幻影5P飞机、10架幻影5P3、2架幻影SP4和6架幻影5DP和5DP3训练机。10架幻影5P在1982年被提供给阿根廷，剩下的转换成了幻影5P4和5DP4标准构型。大约8架单座和3架双座飞机仍在

本页图：从奥弗涅的第3/13飞行中队和从阿尔卑斯的第2/12飞行中队的一对幻影5号飞机和从阿图瓦的第1/13飞行中队的幻影Ⅲ号飞机进行编队飞行。法国空军总共接收了58架幻影5F，其中50架来自于扣留的以色列的定制飞机，8架来自于新造的。最后的样机被幻影F1CT于1994年替换。

本页图：哥伦比亚空军拥有14架幻影5COA飞机，2架幻影5COD训练机和2架侦察构型幻影5COR，从1972年开始这些飞机装备了Palanquero的第212飞行中队。剩下的飞机从1988年开始被更新为幼狮C7标准航空电子设备，带有幼狮机头、空中加油探管和半尺寸鸭翼。

上图：智利在1995年3月到1996年4月期间获得了25架升级过的前比利时空军的幻影5号飞机。在智利空军期间，这款飞机被进一步升级，被称为"艾尔肯"（Elkans）。

第611飞行中队的使用中。

　　委内瑞拉在1972—1973年接收了6架幻影5V飞机以及它的原型幻影III号，随后在1990—1991年接收了9架更新的装备鸭翼的幻影50EV和一架幻影50DV双座飞机，剩余的幻影III和幻影5号飞机都被改装为相同的标准。这些飞机都装备了El Libertador的第11部队，由两个飞行中队操纵。

左图：图中为委内瑞拉一架幻影IIIDV飞机，更新为全50DV标准，增加了加油探管和鸭式前置翼面。这些幻影机型还增加了机头涡流发生器，因此能帮助操纵员在大迎角下的操纵。

幻影F1发展

Mirage F1 Development

发展
Development

一架攻击机加入了某些空军对于截击机的设计要求，F1战机的设计源自一系列的短矩垂直起降和变后掠翼战机的成功经验。

在20世纪60年代法国空军趋向于考虑双重角色的飞机，即作为拦截机的同时，能达到2.5的马赫数，在50000英尺（15240米）时能保持马赫数为2，操纵时过载为3g和马赫数为2，并且携带两个内置的30mm加农炮以及一个或两个碰撞航向空对空导弹。在战术战斗机伪装下，需要包括在一个低-低半径为300海里（345英里/556千米）的上方携带一个战略核弹或者常规武器，最后的80海里（93英里/150千米）达到马赫数为0.9的短暂速度—马赫数为0.7的巡航速度，能从一个2625英尺（800米）的跑道起飞，在300海里/小时(345英里/小时；556千米/小时)时操纵过载为3g。

在很短时间内，四个可能的方案被实施并且进行了试飞，另外的一些作为概念验证试验而没有进行实际的生产样机。仍然以幻影III系列飞机来命名，尽管与幻影IIIE战斗轰炸机只有在生产上不多的联系。幻影IIIT是单座的无尾三角构型飞机，IIIF有惯用的上单翼和水平安定面，

IIIG和IIIG8都是幻影III改型的可变几何外形体，IIIV是垂直起降的样机。

然而，无尾的IIIT操纵性能很差，垂直起降的IIIV因为过重的发动机而不太可能实现。幻影G8显示出了更多的潜力，并且成为G8A或者说未来的战斗机的基础，直到1975年因为过高的预算而扼杀了这个项目。

下图：一架早期的F1形成了幻影IIIG多样外形中的一种。幻影G家族，就像F家族一样，是从原型幻影III号进行扩大的设计来满足法国空军对新的战略战斗机/拦截机的需求。可变翼飞机幻影IIIG被感觉到拥有巨大的潜力，几种子型都为法国航空部队规划了，包括单发和双发发动机设计，甚至一个航空母舰战斗机。法国空军要求将战斗机强加于拦截机上，F1从一系列探索了垂直起降和可变几何外形的优势中开发而来。

VG幻影项目在1965年5月17日背离了初衷，英国和法国政府原本达成协议共同开发一款AFVG（Anglo-French VG）飞机，然而在1967年7月5号法国单方面收回了承诺。当幻影G机型的开发正在进行时，幻影IIIF被提出来满足近期的需求。在这两款官方资助的飞机中，IIIF2拥有与IIIG几乎相同的机身和尾面积。当预期的TF306发动机由于拖延的开发困难而无法交付时，第一架样机采用了JFT10动力装置，在1966年6月12日由让·库尔诺在伊斯特尔进行试飞。为了满足法国空军的要求，这款IIIF2的进场速度需要小于140海里/小时（160英里每小时；260千米每小时），排除了无尾三角构型。在首航后两天，这架IIIF2超过了1.2的马赫数。在

1966年12月29日，接下来的一次飞行达到了2的马赫数并且着陆滑跑距离仅为1 575英尺（480米），非常有说服力地证明了后来称作幻影F2的短跑性能。徒劳无功的是，因为早在6天以前，一款新版本的同样的飞机进行了首飞，预计会取得更大的成功。这款飞机更小，是幻影公司称作"超级幻影F1"的私人风险投资产品。

所有尺寸

幻影F2被压缩成幻影III的尺寸，分两步领先于F1和F3。为了创造F1，削减的F2安装了幻影IIIE航空电子设备和经过实验认证的来自于幻影IVA轰炸机的阿塔尔09K二次燃烧涡喷发动机。F1机型经历了令人惊讶的设计速度后在1965年被正式推出，并且暂时命名为IIIE2。F1被视为多功能战斗机，与F3相比，尽管动力装置相对

较弱以及1 : 2.1的推重比，它拥有更大的最大负载量。

F3机型是作为第二架政府资助的IIIF而被设计的。尺寸介于F1和F3之间，F3优化了拦截窃听功能，因此推重比提高到1 : 1.3。所有这三款幻影F系列飞机都有两个内置加农炮，能供给炸弹、火箭弹和制导导弹。

F1升空

机身上标识着"幻影F1C"，以阿塔尔9K为动力装置，样机一号在默伦的Villaroche于1966年12月23日由首席测试飞行员雷奈·比干（René Bigand）控制飞

上图：第二架样机幻影F1原本在机头被贴上"超级幻影F1"的标签。它拥有更长的CyranoIV/幻影50机型的机头整流罩，但是在外形上与不幸的第一架原型机完全相同。

行。在仅第四次飞行时，1月7日，比干和样机一号就达到了2的马赫数，然后以120海里/小时（138英里/小时；221千米/小时）。

一段日子之后，法国军事主席发表声明称法国空军拥有足够的攻击机，需要的是更多的拦截机。由此考虑到预订100架幻影F1飞机，决定在2月下达。项目正式在3月份开始，但是宣告延迟到1967年5月26日，官方要求三架样机的合同在9月签署。

不幸的是，比干和第一架F1样机在马赛附近的福斯港口为一个常规展示进行例行训练的时候撞毁了。样机一号在空中由于机身震颤而解体，被完全摧毁了，比干也因此身受重伤。

然而，这次的损失并没有影响军方购置幻影F1的项目。法国空军闪电般的置换了幻影F1的决策从来没有被很好地解释，但是很可能与达索公司坚信F1相比于庞大昂贵的幻影F2或者专业化的F3而言它拥有很好的出口前景有关。然而，法国空军目前接收了一架战斗机，然而它需要的其实是没有外挂能力的拦截机，其实最好的选择是幻影F3。部分完成的F3号样机在1967年报废，法国空军没有提供将其与幻影F1在飞行测试中作比较的机会。

直到1967年3月，幻影F1才接收到官方政府的订单，此时飞机的一个生产版本得以细化。让雅克·沙明从已流产的幻影

F2项目被调到F1设计组，尽管大多数样机二号的改变在于本质内部。标记着"超级幻影F1"，这款飞机于1966年12月完成。为了方便路途运输到伊斯特尔，它被拆解了，然后在1月20号被重新组装完成，并且为振荡测试做好了准备。在最后的阿塔尔9K-50动力装置还未完全可行时，样机二号采用的是9K-31B（3），再加热时额定力为14770磅(67.7千牛)。

测试项目

测试开始就处于非常自信的状态，但是时间安排上延迟了数周。1967年3月20日从伊斯特尔起飞，样机二号空中飞行了1475英尺（450米），在进行达1.15的马赫数飞行前进行了起落架、襟翼和减速板实验以清除可能的障碍。在出动50分钟后开始着陆，萨杰特将样机二号悬停在1310英尺（400米）的高度。接下来的一天，萨杰特再次证明了这款机型的速度易变的特性，开始以1.5的马赫数飞行，然后减速到115海里/小时（132英里/小时；213千米/小时）。着陆时，接近速度为135海里/小时（155英里/小时；250千米/小时），紧接着着陆速度为125海里/小时（144英里/小时；232千米/小时）。

样机二号在6月27日经历了62次试飞完成了第一阶段实验以后退出了试验。这

下图：航空电子设备是第四号样机的主要特点，它于1970年6月17日进行了试飞。这架飞机在1971年8月由电子材料组装测试部门进行了拦截和空对地火力实验，除了操纵性能其余表现均良好。

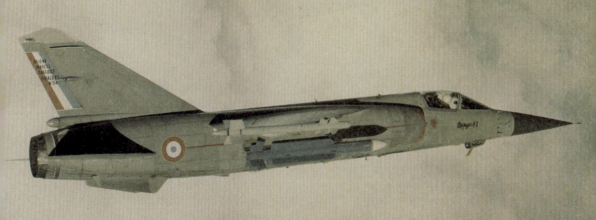

本页图：第一个双座幻影F1B样机——一架转换和延续训练机—的顾客是科威特，而不是法国。先前对幻影ⅢB和ⅢD非常满意，但是当F1B几乎可行的时候，法国空军却改变了主意。

飞行试验中心（CEV）进行武器装备测试。在1970年2月21日的样机二号的第137次飞行是第一次使用生产的阿塔尔9K-50发动机进行飞行，达到了在53000英尺高度上的马赫数为2.15的显著成绩。总计第200次，样机三号的第50次飞行，在1970年3月11日进行了庆祝，此时实验已经开始于中心线翼下架上装备马特拉R530空对空导弹了。在1970年6月17日样机四号进行了飞行，执行了拦截任务，并且在一年之后在CEAM实验部门进行了空对地火力实验。

上图：F1E机型以斯奈玛公司M53涡轮风扇发动机为动力，被作为私人风险出口战斗机发展，为了进入"世纪销售市场"。后来，为了满足北大西洋公约组织的战斗机要求，最后获胜的是F-16机型。尽管如此，当法国空军提出了对F1C机型的订单时，第二代幻影机型获得了更加可信的本国客户。

些实验包括一次达50000英尺（15240米）的飞行，在速度为808英里/小时（1300千米/小时）时进行了低空操纵，携带的军事装备包括翼尖响尾蛇导弹和翼下可卸载油箱，以及试验了整个的飞行包线。样机二号然后被重新装备了推力达15 873磅（70.6千牛）阿塔尔9K-50前系列的发动机，并且在8月重新开始飞行。当萨杰特开始在伊斯特尔于1969年9月18日开始试飞样机三号时，二号已经累计出动77次，飞行时间达80小时。这两架飞机在总计出动120次/135小时后在12月完成了第二阶段测试，然后样机二号在12月22号被送到

这些样机毋庸置疑地证明了在幻影III机身上添加常规翼和水平安定面可以很大程度上增加飞机的能力，但是计算推力增加不明显。三角翼开始被选作幻影一代机型主要由于它能达到很薄的厚度：超声速飞行需要大的展弦比，不依靠薄的机翼，而且生产上相对也要难很多。

与幻影IIIE飞机相比较，这款F1的滑跑距离减少23%，接近速度减小20%，但是操纵提高了80%而且燃油提高了43%。另一方面，这些导致了机翼面积减少了29%，起飞重量增加了2.5吨。

幻影F1营运
Mirage F1 operators

达索公司确信对于幻影F1，国内市场是现成的，但是也希望延续由幻影Ⅲ/5系列飞机创造的巨大的出口成功。结果F1并没有达到前任的辉煌，但是也的确实现了10个出口用户。

厄瓜多尔（厄瓜多尔空军Fuerza Aérea Ecuatoriana）

厄瓜多尔由于无法购买幼狮飞机于19世纪70年代后期将目光转向法国，后来购置了16架幻影F1JA（与F1E机型类似）和2架F1JE训练机，1978—1980年运达。这些飞机与第2112飞行中队一起服役，作为第211部队一部分位于瓜亚基尔的Base Aérea Taura。厄瓜多尔的幻影飞机执行多种任务，并且由以色列进行升级。以色列制造的炸弹位于可携带的武器装备之中。

法国（法国空军Armée de l'Air）

　　F1运送到法国，包括20架F1B双座机、162架F1C单座战斗机和64架F1CR战略侦察机。主要的战斗部队是第5中队、第10中队、第12中队和第30中队，其中位于兰斯–香槟尼（Reims-Champagne）第30中队是第一个拥有幻影F1的，于1973年12月20日接收了它的第一架F1飞机。除了驻扎于法国本土的部队，F1C飞机也供应给在吉布提的派遣部队（原4/30部队，现第4/33中队）。所有的F1CR飞机被运送到在斯特拉斯堡的第33侦察中队（ER33）。当幻影2000取代所有的F1C的空方角色时，

55架剩余的飞机被改装成F1CT作为多功能攻击任务，被运送到在科尔马的第13飞行中队。这支部队后来被命名为第30飞行中队，与第33飞行中队和侦察中队一起成为了F1机型法国最后的营运者。不少实验部队也使用测试过这款飞机。

希腊（希腊空军Elliniki Polemiki Aeroporia）

希腊由于在19世纪70年代早期无法生产F-4潘多拉飞机，便定制了40架幻影F1CG单座机来装备在塔纳格拉的第114战斗机大队的第334和342飞行中队，以此来防卫雅典。由于订单要求紧急，16架F1CG从法国空军的订单中抽调而来。实际上与法国F1C飞机相同，希腊飞机最初并没有BF雷达预警接收器，尽管随后添加了。为了雅典防卫的幻影2000的到达使第334飞行中队移动到伊拉克利翁作为第126aSmirna Makis的一部分，但是第342飞行中队仍然在塔纳格拉直到该机型退役。

伊拉克（伊拉克空军 al Quwwat al Jawwiya al Iraqiya）

　　伊拉克订购了总计达110架幻影F1EQ单座多功能飞机和18架F1BQ双座机，尽管由于武器禁运不是所有的飞机都成功运送了。接下来的16架F1EQ和16架F1EQ-2空中防御机是带有攻击和侦察的F1EQ-4机型。更加重要的是20架F1EQ-5带有Agave雷达，取代了Cyrano IV装备，携带飞鱼导弹。这些飞机在19世纪80年代中期两伊战争中被使用，在此期间F1EQ飞机战绩大约击灭35架飞机，包括一架F-14夜猫战斗机。一些F1EQ-6机型被运达。一些幻影F1战机在沙漠风暴中被击落，其他在地面上遭到摧毁。24架F1EQ飞机在逃到伊朗的机群之中，这些飞机随后都被扣留了。

约旦（约旦空军 al Quwwat al Jawwiya al Malakiya al Urduniya）

　　约旦在被拒签F-16之后在沙特阿拉伯资助下订购了17架幻影F1CJ飞机和3架F1BJ。原本计划作为空中防御力量，第一系列浅灰色的飞机被运送到阿兹拉克的第25飞行中队。随后的系列包括17架F1EJ作为多功能飞机，这些经过伪装的飞机进入第1飞行中队。

科威特（科威特空军al Quwwat al Jawwiya al Kuwaitiya）

　　科威特购买了18架幻影F1CK拦截机以及2架F1BK训练机来取代早期的"闪电"飞机的空中防御角色。接下来的是9架F1CK-2号和4架F1BK-2号飞机。飞机与位于阿里–阿尔·萨利姆（Ali al Salem）的第18和61飞行中队一起服役。15架飞机在伊拉克入侵时逃往沙特阿拉伯，一架伊拉克直升机在此过程中被击落。这些飞机随后就被储存起来，等待出售。

利比亚（利比亚空军al Quwwat al Jawwiya al Jamahiriya al Arabiya al Libyya）

　　利比亚获得了38架幻影F1，包括16架F1AD无雷达的攻击机、6架F1BD和16架F1ED多功能战斗轰炸机（见下图）。这些飞机在19世纪80年代在乍得曾实施过一些行动。剩余的飞机据说在的黎波里附近的Okba bin Nafi服役于一只拦截和地面攻击中队。

摩洛哥(摩洛哥空军al Quwwat al Jawwiya al Malakiya Marakishiya)

　　摩洛哥的50架幻影F1包括30架F1CH和20架F1EH，其中6架F1EH装备有空中加油探管。第一批于1978年抵达。这些飞机在1977—1988年波利萨里奥游击战争中执行任务，在此期间至少3架被导弹击中。幸存者继续作为拦截机和地面攻击中队服役于位于西迪苏莱曼的飞行中队。

南非（南非空军 Suid–Afrikanse Lugmag）

　　南非成为无雷达的幻影F1AZ攻击机改型的第一位顾客，在1975年11月首次接收了32架飞机。16架F1CZ飞机也被南非获得了。这些F1AZ飞机服役于第1飞行中队，然而F1CZ飞机由第3飞行中队操纵，都位于沃特克鲁夫。幻影F1飞机在安哥拉的小规模战斗中表现积极，包括击落两架经过确认的米格-21飞机。第3飞行中队于1992年解散，它的幻影F1CZ飞机也退役了。

西班牙（西班牙空军 Ejército del Aire）

　　1975—1983年，西班牙接收了45架幻影F1CE（当地命名为C.14A）、6架F1BE训练机（CE.14A）和22架F1EE多功能飞机(C.14B)。这些CE飞机被用来装备位于阿

尔瓦赛特省的洛斯亚洛斯的第14翼的两支飞行中队，而F1EE飞机（见上页图）去了位于在利群岛中的间岛（Gando）的第46翼的第462飞行中队，可以很容易通过迷彩伪装辨认出来。随后第11翼的第111飞行中队也转换成了该机型，从马尼塞斯起飞。飞机的磨损由从法国过剩的F1C飞机和从卡塔尔购买的F1EDA和F1DDA飞机来补偿，后者装备了第111飞行中队。剩下的改型飞机直到1998年晚期才退休，但是大约65架飞机直到2004年才停止使用。

卡塔尔（卡塔尔空军al Quwwat al Jawwiya al Emiri al Qatar）

卡塔尔的幻影F1直到1984年6月才运到，由于这些飞机之前服役于法国的一只训练飞行中队，到达卡塔尔之后它们被分配给多哈的第七飞行中队。这项订单包括12架幻影F1EDA和2架F1DDA双座机。这些飞机具有执行多功能任务能力，能携带侦察系统。在沙漠风暴行动中承担了当地空中防御任务之后，这些飞机被出售给西班牙。

幻影F1改型机
Mirage F1 operators

尽管初始目的是作为空中拦截角色的飞机，幻影F1证明了它自身能充当攻击和侦察任务的能力，使得一系列改型机的诞生。

除去这些后缀，幻影F1C仍是最初生产的版本。这个私人投资样机在1966年12月23日试飞，然后在1967年5月被官方认可，并且预订了三架服务样机。动力装置为一个15873磅（70.61千牛）斯奈克玛阿塔尔09K-50二次加热涡喷发动机，能够在所有速度下提供很好的操纵性。

为了满足首要的适用于所有天气的拦截机，F1C飞机装备了汤姆逊–CSF Cyrano IV单脉冲雷达操纵I/J频带。随后一些经改良的IV-1标准号增加了有限的下视能力，但是因为地面攻击对于F1C来说只是次要

下图：同时承担空中拦截和地面攻击任务，飞行中队的F1JA与F1E很相似。这些飞机目前正在进行一个升级项目，主要改进在于使得他们能携带8个以色列P-1炸弹。

上图：法国空军仅预订了数量有限的F1B双座转换训练机，这些飞机直到一些转换为单座操纵系统后才被运送到法国空军中队。

的角色，因此没有装备地面测绘和连续目标测距选项。只有单个目标能被追踪，而且雷达功能也因糟糕的天气而显著减弱。

法国服役

法国空军从1973年开始获得了83架基础的F1C飞机，其中最后的13架的翼上安装了汤姆逊–CSF BF 雷达预警接收机的"子弹"天线。随后运达的模型携带有固定的加油探管，并且被命名为F1C-200。探管安装需要在机身前缘有一块小的插入部分，因此增加了3英寸（7厘米）的飞机长度。

法国空军预订了20架可转换飞行员的F1B纵列双座位训练机。合并第二个座舱

比标准F1C机身长度只增加了12英寸（30厘米），并且由于去掉了机身燃油罐和内置佳能炮获得了更多的空间。空重增加了441磅（200千克），部分由于安装了2个法国制造的马丁–贝克 MK 10 零–零弹升座（F1C有MK4座以及速度限制）。然而，F1B也具有战斗能力。加油探管时不时安装在F1B飞机上，实际上，只是虚拟的为了训练C-135FR空中加油飞机。

F1C机型被出口到6个国家，其中4个继续采用多功能的F1E。南非在1975年接收了最初的16F1CZ给予沃特鲁夫的第三飞行中队。它们见证了与安哥拉的交锋。

侦察机改型

当达索公司清楚幻影F1将会带来非常大量的生产时，他们开始专注于研究一个

侦察机版本，顾客当然首先是法国空军。被命名为幻影F1CR-200，第一架样机在1981年11月20日试飞。幻影F1CR为了执行任务携带了内置和外部的侦察装备。一个SAT SCM2400超级Cyclope红外扫描单元被安装在原来加农炮的地方，机头下方整流罩处安放或者一个75mm汤姆逊-TRT 40全景相机或者150mm汤姆逊-TRT 33纵向相机。其余的内置设备包括一个Cyrano IVMR雷达，与战斗机雷达相比增加了额外的地面测绘仪、盲点引导下降、测距和绘制等高线模式，以及一台导航计算机ULISS 47 INS。

额外的传感器被安装在不同中心线系统上，包括汤姆逊-CSF拉斐尔 TH 机载侧视雷达，HAROLD远程斜视相机或者汤姆逊-CSF ASTAC电子情报系统。不同的照相机组合能被安装在一个系统里。一个空中加油探管被安装在机头侧面。

64架F1CR飞机被预订，其中52架仍然在使用中。第一架生产的飞机在1982年11月10日试飞。第一支飞行中队，即位于BA124斯特拉斯堡/昂特赞的第2/33侦察中队"萨瓦"于1983年7月开始装备该款机型。第1/33"贝尔福"侦察中队和第3/33侦察中队"摩泽尔"也紧随其后，从幻影IIIR转换而来，于1988年完成。幻影F1CR被派遣到沙特阿拉伯执行沙漠盾牌/沙漠风暴的任务，在那儿它们被用作侦察任务，后来为了避免和伊拉克的幻影F1EQ混淆而

停飞了。当被重新准许飞行时，它们展示了鲜为人知的第二地面攻击的角色—通过轰炸伊拉克地面位置，它装备的雷达使得它比可选择的"捷豹"更高效。

当大多数出口的幻影F1的顾客倾向于基于法国空军的F1C飞机来细化他们的要求时，达索公司意识到一款简化版本的执行白天攻击任务飞机可能的市场。幻影F1A机型在外形上的明显区别在于尖的圆锥形的机头，这样是由于去除了大的Cyrano IVM雷达。取代它的位置的是ESD阿依达II测距雷达。大型的携带空速管/静压头的吊杆被附着在机头下侧，在阿依达系列旁边。幻影F1A飞机的主要好处在于它的相对低廉的造价和额外的航程。主要的航空电子设备挂架从驾驶舱后部移到了机头位置，为额外的机身油罐腾出了地方。另外增加了一个多普勒雷达、一盒IFR探管。除了阿依达雷达，南非F1AZ还安装了一个激光测距仪。

1974年12月22日，达索公司试飞了一架幻影F1E样机，以当时新出的M53发动机为动力。这架飞机并没有赢得多架订单，而且M53动力版本也被放弃使用了。相反的，其命名却被应用到一架为了出口的更新的多功能版本飞机上。外表上与F1C类似，F1E飞机拥有SAGEM惯性系统、EMD 182中央数字计算机和VE120C平视显示器。像所有的F1版本一样，F1E机型也能安装雷达预警接收仪、干扰片/照明弹发射

幻影F1AZ

南非最后的幻影飞机着以与众不同的伪装色系。国家和飞行中队的标志经常被过度喷涂。这些飞机与在胡德斯普雷特的第一飞行中队一起服役，是在这家机型于1997年晚期退役时最后的南非空军幻影F1使用者。

机头下整流罩

机头下突出部分安装了汤姆逊-CSF TMV-360激光测距仪，为地面攻击功能提供了精确的测量距离。

测距雷达

F1A战斗轰炸机在机头外部携带了小型的EMD阿依达2测距雷达。这个雷达是固定的天线，提供在它的16°视觉范围内对目标的自动搜索、捕获、测距和追踪任务。数据结果被传递到陀螺瞄准器上给飞行员。

燃油

总共的内部携带燃油能力达1 136美加仑（4 300升），装在位于机身和机翼内部的14个袋状油罐里。此外，两个翼下可弃油罐每个能增加317美加仑（1 200升）的燃油。

探管

南非的F1AZ飞机将加油探管固定在右舷侧面以供空中加油之用。

雷达预警

　　飞机翼上装有汤姆逊-CSF BF雷达的向前和向后的天线。侧面覆盖由与侧翼水平的圆盘天线提供。

武器装备

　　这款机型基本的武器装备包括2个内置的加农炮，在中心线上携带多个分发器。尽管图中没有显示出来，F1AZ机型能安装国产的V3B"弯刀"（Kukri）和V3C"标枪手"（Darter）空对空导弹的翼尖发射轨道。

本页图：F1的五个改型服役于西班牙空军：F1CE，-BE，-DDA，-EDA和-EE机型。图中飞机机身漆上了最新采用的浅灰色空中防御颜色系列。

器和ECM干扰发射系统。幻影F1D机型本质上说来与法国空军购买的F1B训练机类似，区别仅在于是基于出口的F1E改型，尽管它也安装了SEMMB MK10零–零弹射座椅。

大多数出口的F1D/E机型安装了汤姆逊–CSF BF雷达预警接收仪的子弹天线和安装在尾部的VOR天线。此外，一些飞机在尾部前缘结点处安装了一个HF角天线。基础的多功能飞机（F1EQ, F1EQ-2），接下来的是F1EQ-4带有加油探管和侦察系统能力，以及F1EQ-5和F1EQ-6带有汤姆逊–CSF Agave雷达和飞鱼导弹的能力。F1EQ-6机型外部凸起部分安装了雷达预警接收仪，F1EQ-5也进行了这样的改装。

为了弥补法国地面攻击能力的缺陷和在幻影2000C运达之后空中防御战斗机的过剩，幻影F1CT从作为F1C拦截机的战略性空对地的版本，尤其是加装了探管F1C-200。两架样机在比利亚茨由达索公司进行改装（1991年5月3日进行首飞），随后到1995年55架在克莱蒙费朗/奥尔纳的空军工厂生产出来。飞机的运送始于1992年2月13日，使得在科尔马的第13翼的一个飞行中

本页图：法国空军在内华达的内利斯空军基地进行空气军演的照片。这架法国F1CR显示出突出的机头下方整流罩外壳上的飞机的全景相机。这架F1CR也能在中央机身外挂架上携带拉斐尔SLAR 2000系统。

队在同年11月份达到IOC标准。

最新升级

F1CT项目旨在将一个类似的标准升级到战略侦察F1CR。雷达由Cyrano转变为IVMR，带有额外的空对地模式，由一个SAGEM ULISS 47内置的平台提供支持，以及达索电子M182XR中央计算机，机头下方的汤姆逊–TRT TMV630A激光测距雷达，以及马丁–贝克MK10零–零弹射座椅和改良的雷达预警接收仪。

从结构上来看，座舱被重新设计，机翼被加固，同时为了激活外侧硬点而进行了改进，同时左侧的加农炮也为额外的设备提供了空间。中心线外挂架的加强使得能携带达484加仑（2200升）的油罐。从外部上来看，蓝灰色的空军防御伪装改为全部的绿色和灰色。F1CT为了执行新任务可携带炸弹和火箭弹系统，但是保留了作为纯拦截机发射超级530和魔法2空对空导弹的能力。

幻影2000发展
Mirage 2000 Development

幻影2000战机，延用了已经取消的ACF项目中的设计要素，这些要素中包含许多达索公司战机中经典功能和特性的，因而其战力大大优于早期的幻影战机。

在20世纪70年代，法国开始研究未来战斗机（ACF）计划，期望能达到3的马赫数，因此达索公司提出了G8A。这个14吨的怪物很快就被搁置了，主要由于它的尺寸和造价使得这个项目很难实施。

真实的新闻报道聚焦于一款未知的飞机，这款飞机被在同一个首脑议会上被隐喻性地推出，并且被马上授权来取代G8项目中不幸的F8战斗机发展项目。此时，

下图：为了提高多功能能力，幻影2000B-01可携带虚拟炸弹、虚拟空对空导弹和两个油箱。发展使用了被取消的高级通信功能元素，幻影2000包含了众多达索公司典型的特点，也拥有许多远优于早期战斗机的功能。

这个设计被称作"三角2000",但是很快改为"幻影2000"。在1976年3月,不是第一次,法国空军撰写了一个书面文件要求达索公司对这款飞机的性能进行评估,并且暂时不考虑其重量,要求这款飞机尽快得以服役,与初期的10架飞机在1982年10月之前运达。

第二代幻影飞机不仅仅是高水平的,而是所有方面比幻影F1更加敏捷、更易于操纵,但是加速度和超音速上限与幻影III相比有所减弱。更大的推力,更紧凑的航空电子设备和对内部空间更好的利用使得F1在航程和作战挂载上得到改良,但是这些面积的利用仍然受到实际的限制。根据丰富的后掠翼和三角翼的设计经验,达索公司选择融合二者的优点,同时也要尽量避免二者众多的缺点。幻影2000采用了负的纵向稳定性与自动飞行控制系统(AFCS)以及电传控制面运动相结合的控制方式。因此,需要采用控制构型工具(CCV)方法,飞机采用了纵向静不稳定结构,通过将重心移到空气动力学焦点之后而不是传统的前面位置。自动控制系统计算机保持稳定性,

并且将飞行员指令转换为操纵。与幻影III抬起升降副翼来抬头时需要强制力使飞机保持在跑道上不同,幻影2000只需轻微地降低升降副翼来旋转飞机,同时在此过程中增加升力。类似地,着陆也更加简单。幻影2000着陆时接地速度为162英里/小时(260千米/小时),幻影III的是211英里/小时(340千米/小时)。在计算机辅助设计下,达索公司得以最大化翼根整流罩的尺寸同时保证最小的阻尼补偿。这些卡尔曼整流罩里富余的空间用来安置油箱和仪器设备,否则这些只能采取外挂的方式,提高了对机翼结构强度和重量的要求。幻影2000增加了轻便性,主要在于采用了新

下图:飞机03号是第一架装载雷达多功能多普勒仪的样机。随后04号样机也装备了该设备,除此之外还有完整的武器装备系统。

本页图：为了进行与2000N项目有关的空气动力工作，一个法国航空航天公司的ASMP核远射飞弹模型被安装在B-01号飞机上。

上两图：达索公司位于阿让特伊的工厂主要负责机身的生产，1982年6月7日，也就是从这儿第一个幻影2000C-01的可辨识部分由公路运输到波尔多-梅里尼亚。在那儿机身与来自附近的马蒂尼亚生产的机翼和来自于南特的法国航空航天公司生产的尾翼进行了组装。汤姆逊-CSF提供了RDM雷达和斯奈克玛提供了M53-5涡轮风扇发动机。这架飞机于1982年11月20日进行了首飞，由飞行员Guy Mitaux-Maurouard进行操作。

型建筑材料，受益于已经在幻影III号上进行过的硼纤维方向舵和随后安装在幻影F1

上的完整的水平安定面的项目。金属钛和碳纤维同样地融合了强度和轻质的特性，使得飞机达到理想的接近1的推重比。

基础的设计因此大体上令人满意，但是幻影2000在正式开始服务之前还有很长一段路要走。主动控制系统的一些项目出现了一些问题，其中最大的一个是M53发动机。作为单杠的加热的涡扇发动机，M53在1970年2月进行了基准测试，并且在1973年6月18日由快帆客机（Caravelle）试验台进行了空中运行测试。法国的喷气式发动机通常没有美国的发动机那么精细，但是这并不是否认M53是一个相对轻型以及简单的发动机。

在模块建造中，设计比较简单，只有3个低压涡轮级、5个高压级和2个涡轮级，并且都位于一个简单的轴线上。它的后燃烧室可以在飞行包线内毫无限制地使用，甚至在高海拔时能达到2.5的马赫数。发展型的飞机订单达到20架，包括3架为了法官审判，10架为了空对-和地对-测试，3架为了超音速测试，4架为了ATF项目。M53被达索公司第一次使用是在伊斯特尔。1974年12月22日，三架超音速飞机中的一架幻影F1E样机使用该发动机进行飞行。

F1E的职业生涯作为幻影2000计划的试验台终止了。起初带着M53-2发动机，于1976年4月完成了在萨克雷的150小时的测试时间。在这种形式下，M53发动机在加热状态下推力达到18 739磅（83.34千牛），到M53-5版本的时候改良到19 842磅（88.25千牛），此时制造技术开始迅速发展。对这款改型，150小时实验在1979年5月成功结束。

第一架幻影2000

3架样机幻影2000在1975年12月被预订，在一年内增加到4架，包括一架达索资助的双座飞机。在ACF被取消后27个月可圈可点的努力，幻影2000一号终于升空了。该样机在达索工厂的圣克卢工厂手工生产，经由公路被运到伊斯特尔进行组装，在那儿由让·库尔诺于1978年3月10日进行了试飞。在这65分钟的飞行中，一号在M53-2发动机的12125磅（53.92千牛）推力下加速到1.02的马赫数，然后爬升到40 000英尺（12192米）在运行二次燃烧后达到了1.3的马赫数。在5月末，总计13次出行中样机一号以2的马赫数证明了其性能。并且达到了749英里/小时(1205千米/小时)的空速。在1989年9月范保罗航展它的低空性能在公众面前得到了很好的展示，尽管这架机器累计飞行仅达60小时。

在相似但是更紧密的监控下，莫鲁阿尔（Maurouard）和让-玛丽·萨杰（Jean - Marie Saget）从伊斯特尔在1980年11月到1981年3月期间飞行22次，在幻影2000在零空速到920英里/小时(1480千米/小时)

的演习之后。为了这些实验，在要求飞行攻角超过30度的情况下，外部油箱和武器装备为了安装到样机一号上进行了各种组合。安装有四个空对空导弹，飞机展示了在整个飞行包线里的滚转达270度/秒。与此同时，两架固定机身中的第一架（即样机六号）在图卢兹进行了疲劳测试来弄清楚幻影2000的高过载特性。

安装在幻影2000-02上的是M53-5，并且由莫鲁阿尔在伊斯特尔于1978年9月18日进行了为时50分钟的飞行。早期的实验工作主要在于SFENA数字自动驾驶仪和武器装载的分离。一个虚拟的玛尔塔R.550 Magic于1981年3月9日被投掷，接着在6月27日的是玛尔塔超级530F，此时携带几个导弹和374-lmp加仑（1700升）的翼下油箱。在实验项目累计达到500次飞行的时候，样机二号以及萨杰在1984年5月9日遭遇了不合时宜的灾难，原因在于污染的燃油使得飞机在接近伊斯特尔地面的时候在250英尺（76米）的高度上着火了。

样机三号专用于武器测试，在1979年4月16日于伊斯特尔首次试飞，设置了九个硬点，尽管直到1980年11月13日它才成为第一架安装雷达飞行的幻影2000。在1980年5月这三家样机在伊斯特尔的飞行试验基地的实验过程中，幻影2000的飞行时间达到了500小时，包括由军方实验单位CEAM的飞行员进行飞行的六次出行。这个项目使得法国空军详细了解其43%的设备运算进展如何。随后样机一号安装了M53-5发动机然后发展到最后的M53-P2。1988年样机结束了试验阶段，被放置在勒布尔热的空军博物馆。样机三号在1982年进行了Super530F和Magic导弹的火力试验，然后在1984年10月26日为了Super530D的首次发射安装了RDI雷达。

样机四号在1980年5月12日进行了首次试飞，从一开始就安装了完整的武器设备，并且在其他方面也实现了标准化生产。根据早期的飞行测试，幻影2000做出了很少的改动，但是最引人注意的是垂直尾翼高度的减小，以及垂直尾翼后掠角的增加。这些改变由样机四号开始，并且运用到早期的飞机上（样机一号从1979年早期开始），以及卡尔曼翼根整流罩延伸到

机翼后缘线之外了。更多的探索性验证表明进气口边界层分流器的重新设计，以及内部电传系统的改动。机械备份最初由三重系统实现，但是幻影2000随后发展到在俯仰和滚转轴上的四重电传系统以及对舵偏转的三重系统。在1980年秋天，样机三号和四号携带着法国空军的波音C-135F油箱进行了验证性试验飞行，并且为进一步武器和ECM发展工作停留在伊斯特尔。像之前的两架飞机一样，三号和四号最初在飞行之前都没有进行喷漆。样机二号因1979年的巴黎航展整体被喷涂了白色的色系，加上法国国旗的红色和蓝色条纹，后来三号也被涂上了相同的颜色。样机三号采用了破坏性伪装的浅灰色和蓝色的色系。

五架样机中最后试飞的幻影2000B-01在1980年10月11号于伊斯特尔进行，由米歇尔·波尔塔担任飞行员。这次出行使得幻影2000的飞行时间增加到660小时，随后四周里进行了19次飞行，其中B-01号飞行了17小时。在1981年早期RDM雷达也被安装到该机型上。

对越来越多的感兴趣的飞行员来说，B-01是一架非常有说服力有战斗力的飞机，它还参加了空中加油实验，外部整体被漆以白色。进一步反思幻影III和F1项目，新战斗机的第一个生产的版本其实是幻影2000C，而不是2000A。

幻影2000第一代战斗机
Mirage 2000 First-generation fighters

最初设想幻影2000主要是针对空中防御，尽管它也具有攻击和侦察的第二能力。

本页图：幻影2000并没能重复之前三角翼幻影III/5卓越的出口上的成功，但是也获得了相当的销售量。这些希腊2000EG飞机展示了这种改型更新了的电子战（EW）系统，包括机身圆盘下方的箔条/照明弹螺旋发射器。

幻影2000运送到第二飞行中队开始于1984年。最早的幻影2000C单座飞机是S1生产改型之一，安装有RDM雷达。它没有连续波（CW）照明器，所以无法点燃原本的玛尔塔超级530F导弹。实际上，武器装备限制于Magic1红外自动寻的导弹以及内置的DEFA 554 30毫米加农炮。

接下来的2000C-S2系列改良了雷达，但是直到2000C-S3系列飞机才加装了发射超级530F必须的CW照明器。随后所有的S1和S2系列都达到了这个标准。与S3系列一起运送的是一些最初是S3构型的2000B双座机。带RDM雷达的单座机生产数量达到37架，大多数服役于第二飞行中队和试验部队。动力装置采用过渡的

M53-5发动机。

最后的M53-P2发动机和RDI雷达的改动预示着幻影2000C-S4和S5系列飞机的出现。RDI雷达是一个脉冲多普勒单元，能允许改良的拥有更大包线的超级530D导弹的使用。从操纵幻影的历史上来看，Magic 2 IR导弹很早就可使用了。

S4/S5系列飞机成为最后的第一代战斗机版本，装备了第五和第十二飞行中队，

下图：幻影2000B完全是战斗机，2000C的具有战斗性能的训练版本幻影2000B／C服役于六支法空军中队，作为空中防御角色。这款飞机大约25%训练机角色，然而也作为地面攻击角色，能携带MK82或者SAMP常规炸弹、ARMAT反雷达导弹和68毫米火箭弹的MATRA F4系统。

以及某种程度上第二飞行中队。与S4相比，S5进一步改良了雷达，但是S4中也有很多飞机进行了升级。电子作战系列设备也进行了很重要的升级，后期生产的S5飞机都有自动盘旋箔条/照明弹发射系统，取代了早期的Éclair。

S4/S5系列飞机的生产达到了87架，使得法国空军的幻影2000C总数量达到124架。此外还有30架幻影2000B双座机，这些都是拥有S3、S4和S5的构型。训练机遍布三个联队，但是以第2/5飞行中队为主的OCU类型。幻影2000B保留了所有的战斗能力，牺牲了一些燃油容量来为第二个座位腾出空间。

一些法国单座机被改造成带有RDY雷达的2000-5F标准型，而且由这个项目开始安装的RDI雷达被安装到S3剩余的飞机

上。在波斯尼亚行动产生了许多改进，包括给一些飞机增加了萨米尔导弹发射预警系统。

出口

幻影2000C/B飞机被法国国防航空部广泛称作2000DA，成为了2000E（单座机）和2000BD（双座机）出口的版本基础。第一代幻影2000的客户有5个，主要分为两个系列。第一个系列（埃及的2000EM/BM、印度的2000H/TH和秘鲁的2000P/DP）主要基于标准型的带有RDM雷达的2000C/B（带有CW照明器）和标

准的法国制造的EW系列设备。

然而，一些微小但是意义重大的区别也存在。印度最早的一些飞机装载M53-5发动机，被称作2000H5和2000TH5。随后这些飞机被重新安装了M53-P2的发动机。埃及飞机垂直尾翼上安装了额外的雷达预警天线。

至于武器装备方面，第一系列出口飞机与法国C系列相同，包括超级530F和Magic2导弹。攻击选项包括自由落体炸弹和激光引导武器，被命名为ATLIS II系统。

印度飞机也安装有ARMAT反雷达导弹，而秘鲁与法国一样拥有互动的231-300空中加油系统。

2000N/D机型容易与印度的2000H混淆，而且它具有羚羊（Antilope）5雷达，并且作为攻击角色。

第二出口系列包括希腊的2000EG/BG和阿联酋的2000EAD/DAD机型。这一系列改善了ICMS MK 1 EW系列设备，主要在于增加了垂直尾翼的天线。希腊飞机上的雷达被命名为RDM3，在原系统上的改进

没有详细说明。

　　武器选择更为广泛，希腊飞机可以发射飞鱼反舰导弹，而阿联酋的幻影可以被整合来携带GEC-Marconi PGM系列制导导弹。

侦察

　　在阿联酋的系列飞机中有8架被命名为2000RAD。这些都是为了侦察用途，而且阿联酋是这款改型唯一的客户。外表上看

来，2000RAD与标准的单座机毫无区别，却能在中心线上携带三个侦察系统之一。

　　这些侦察系统包括拉斐尔侧视成像雷达、HAROLD斜长距摄像机和COR2多传感器，包括相机和红外线扫描的常规侦察系统。

幻影2000C-S4-2

这架飞机是S4改型最后建造的，安装了远端失效指示（RDI）J2-4雷达。据说它曾在"答盖行动"（Operation Daguet，法国在沙漠风暴中的行动代号）中出现，驻扎在沙特阿拉伯的阿尔阿萨空军基地。

第五飞行中队

驻扎在奥朗吉的第五飞行中队是第一支装备安装了RDI雷达的S4幻影飞机的部队，自然地成为了派遣飞机到海湾的第一选择。在1998年这支部队从第二飞行中队手中接管了幻影2000的训练任务。

发动机

斯奈克玛M53-P2发动机发展到14 460磅（64.3千牛）的净推力和21 385磅（95.1千牛）的加力后的推力。

伪装

尽管大多数2000C飞机在海湾战争中着以两种色调的蓝色的伪装，这架飞机临时性地被着以实验的沙漠色系。

防御

幻影2000C拥有标准的自我防护设备，包括位于垂直尾翼基座里的Serval雷达预警系统、Eclair箔条/照明弹发射器和Sabre干扰发射机。这架飞机为了海湾行动在机身后方下部安装固定了额外的箔条/照明弹发射器。

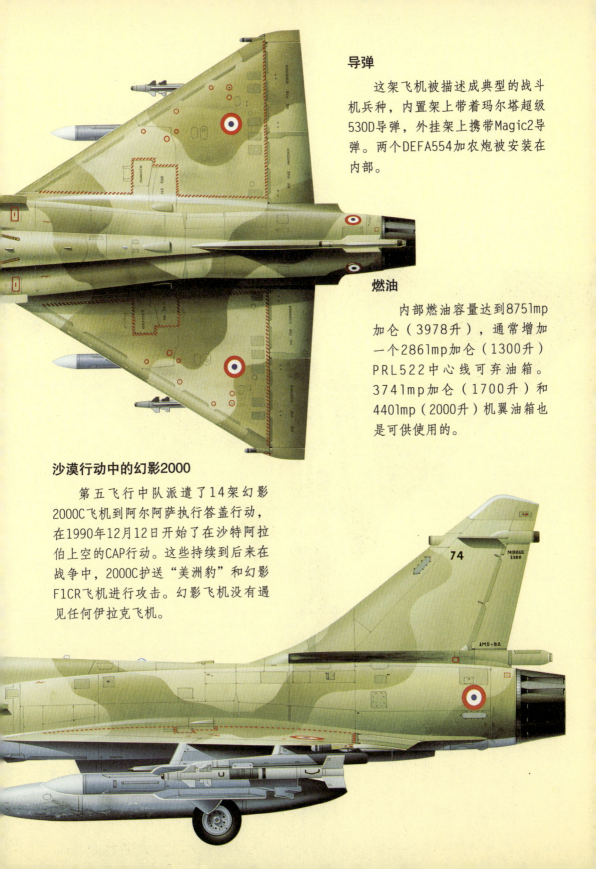

导弹

这架飞机被描述成典型的战斗机兵种，内置架上带着玛尔塔超级530D导弹，外挂架上携带Magic2导弹。两个DEFA554加农炮被安装在内部。

燃油

内部燃油容量达到875lmp加仑（3978升），通常增加一个286lmp加仑（1300升）PRL522中心线可弃油箱。374lmp加仑（1700升）和440lmp（2000升）机翼油箱也是可供使用的。

沙漠行动中的幻影2000

第五飞行中队派遣了14架幻影2000C飞机到阿尔阿萨执行答盖行动，在1990年12月12日开始了在沙特阿拉伯上空的CAP行动。这些持续到后来在战争中，2000C护送"美洲豹"和幻影F1CR飞机进行攻击。幻影飞机没有遇见任何伊拉克飞机。

上图：很快发现一个飞行员无法操纵涉及核导弹的如此大的工作量，因此双座幻影2000B训练机被加强和改装以经受得起严苛的低空攻击飞行。

幻影2000N
Mirage 2000N France's nuclear deterrent

幻影2000N被设计来替换老化的幻影IVP飞机，带着ASMP导弹，使得法国成为唯一具有航空核攻击能力的国家。后来的模型也被用作常规攻击角色。

当设计幻影2000时，它其中一个预期的角色就是核威慑。这架飞机能用来运送由法国航空公司设计的新的战术远离防空区的被称作ASMP（Air-Sol Moyenne Portée-Air-to-Ground Medium-Range空对地中程）导弹的武器。起初，这个武器由战略空军和超军旗舰上海军的幻影IVP装载。被取消的ACF（未来战斗机）也曾是对ASMP的另外的候选机型。然而，由于幻影IVP的老化，达索公司签署了新幻影2000拦截机版本两架样机的合同，命名为2000P（P是指'Pénétration'渗透）。然而，这个命名很快被改为2000N（N是指'Nucléaire'，核能）来避免与老化的幻影IVP混淆。

2000N的设计过程

由于低空封锁任务对飞行员的工作量要求可能会很大，所以决定采用WSO来保证雷达导航，控制ECM设备和管理武器装备。2000N是基于2000B训练机而来的，但是机身被加强了，能承受高超声速以及低空飞行所带来的高压。一些内部设备也与原来的幻影2000C拦截机有所不同，反映出对更精确定位的需求。在机头里，达索电子/汤姆逊-CSF羚羊V雷达取代了原来的RDM/RDI，这一系统具有地面追踪、空对空、空对海洋、空对地和地面测绘以及更新导航模式。

为了自我防御，2000N机型在翼上外挂架上安装了Magic2空对空导弹和达索

Sabre电子干扰发射台和一个Serval雷达预警接收器。这架飞机还能安装玛尔塔综合诱饵系统。尽管早期的2000N缺乏标准的Spirale，但自从1989年起它就开始被安装到所有的飞机上。

最初的需求是100架幻影2000N飞机，能分配75个ASMP导弹，其中有些来源于前幻影IVP的储备。然而，由于达索公司"阵风"项目的延误和需要取代幻影IIIE飞机的过渡飞机，法国空军增加了作为常规的攻击角色的70架幻影的订单，但是取消了ASMP接口。被看做"无核能"飞机，他们被命名为2000N'。经过重新评估对核能的需求，重新确定了2000N和

本页图：幻影2000N的首要任务是作为ASMP核导弹的发射平台。这架飞机，301，第一架生产的2000N，携带一个标准构型的ASMP导弹，并且带有自我防御的Magic2和大的翼油箱。

N'飞机各自的数量，而且为了简化这两者的区分，N'飞机后来在1990年被改名为2000D飞机。

武器装备

最早的幻影2000N，拥有携带ASMP

的能力，被取名为K1子型。ASMP被装在中心线挂架上，能在低空发射时发射最大航程为50英里（80千米）的150-kT或者300-kT的弹头。燃油供给由一对大的528美国加仑（2000升）翼下可弃油箱提供。从第32架2000N开始，命名开始使用K2，而且这些飞机能装载传统武器装备或者

是核武器。2000D拥有同样的武器装载能力，D是代表"Diversifié"（多样化），样机（D01，即前N-01飞机）在1990年1月1号进行首飞。能携带的武器包括法国航空公司的AS30L和玛尔塔BGL（激光制导炸弹），二者皆由ATLIS2激光指示系统进行制导。玛尔塔APACHE诱导散弹、ARMAT反雷达导弹和AM39反舰导弹对2000D飞机都是可行的。

运营者

目前，有6个飞行中队在飞行幻影2000N或者D机型。幻影2000N是法国空军

作战指挥（CFAC）的一部分，法国最大的指挥中心，承担空中防御、传统地面攻击和战术侦察任务。3个飞行中队——第1/3飞行中队"纳瓦拉"，第2/3飞行中队"香槟"，第3/3飞行中队"阿登"——从南希起飞。幻影2000D预计将很好地服役直到下一个世纪，它们将成为法国最后被阵风取代的战斗机战队。估计到2015年，法国空军将会拥有一支由300架阵风和幻影2000D飞机组成的战队。

幻影2000N是法国空军战略指挥部

（CFAS）的一部分。空军战略指挥部的主要任务在于提供核威慑力量。自从位于Plateau d'Albion的幻影IVP飞机的退役和弹道导弹的逐步退役，CFAS的核威慑单独依赖于这三个幻影2000N部队。他们装备有ASMP导弹，与法国海军的弹道导弹一起保证了法国的核攻击能力。包括在吕克瑟的第1/4飞行中队"多菲内"，第2/4飞行中队"拉法耶，以及在伊斯特尔的第3/4飞行中队"莱蒙辛"。位于伊斯特尔的C-135FR陆军给幻影2000N提供坦克支持。

下图：第四飞行中队作为第一支幻影2000N的飞翼被成立，并且被分配了带有ASMP核导弹的核任务。飞机306是一款早期K1的改型，缺乏任何的传统武器装备以及起初运送时并没有盘旋对抗措施机械系统。

法国的空中核威慑力量

　　幻影2000N（核能的）设计的目的是增加并最终取代幻影IVP的核攻击角色，携带有ASMP导弹，成为法国最重要的核攻击飞机。样机N-01最初在1983年2月起飞。在同年晚些时候，它在巴黎航展进行了表演，上表面着以灰色和绿色伪装来显示其低空性能。样机N-01号后来成为2000D飞机的样机。

ASMP

　　试图提供比只装备自由落体武器装备的幻影IV飞机更为可靠的渗透能力，ASMP导弹拥有据记录从低空发射的50英里（80千米）的航程，以及从高空发射的155英里（255千米）的航程。一个固体燃料助推器使导弹能加速到马赫数为2，随后由喷压式发动机接管。其发动机的进气口安装在侧面，制导是惯性地面测绘系统。

盘旋

　　2000N-K1原本没有安装盘旋应对系统，但是后来重新加装了。系统包括完整的红外预警接收器，以及与雷达预警系统的接口。还有机翼和机身整流罩里的盒子里的箔片（右舷）和照明弹（左舷）的弹药筒。一个导弹火舌探测器被安装在每一个Magic发射器里。

雷达

　　达索电子/汤姆逊-CSF "羚羊" V是一个J-频段攻击雷达，提供地面测绘和地面跟踪动能以及额外的空对空能力。数据显示在HUD上以及彩色的头下方多功能显示屏上。

发动机

　　2000N以M53-P2发动机为动力，达14462磅（64.3千牛）净推力和21385磅（95.1千牛）的加力推力。这个发动机达16英尺7.5英寸（5.07米）长，半径为3英尺5.5英寸（1.06米）。

幻影2000下一代D/S/-05机型
Mirage 2000 Next-generation D/S/-5

达索公司用幻影2000的D、S和-5改型证明了不断改良的机型。携带激光制导炸弹的能力和增加的空对空能力能确保这些先进的幻影机型会销售的特别好，不仅仅在法国市场上，也包括出口的市场。

为了生产一款幻影2000N的常规攻击版本，即2000D，达索公司利用这个机会随后开始安装一些设备来更新升级这架飞机的性能。两者外部区别主要在于去除了机头空速管，增加了ICMS MK 2干扰器，一个GPS的天线骨架和透明座舱覆盖上了金色薄膜来减少雷达反射率。技术的发展使得2000D的机组人员拥有更多的操纵杆控制，并且正在试图改为"钢化"驾驶舱。

达索公司骄傲地宣称2000D的命名来自于飞机的多样性潜力（Diversifié -diversified），法国空军中队操纵的是另外的更大负载的战斗机，称为"2000Diesel"。幻影2000D在精密武器方面的卓越潜力关键在于安装在右舷空气

下图：幻影2000-5出口机型的顾客都订购了包含完整操作系统的双座机。在1995年后期卡塔尔QA86飞机成为第一架起飞的卡塔尔的幻影2000，后来在1997年9月8日的一次仪式上移交给法国。

上图：法国军队中双座攻击改型机比单座战斗机要多。幻影2000D飞机原本基于2000N飞机，后来却是将2000B训练机的机身加强来应对低空战斗的严格要求，并且它携带有新的武器系统，包括"羚羊"5或者53雷达能提供多样的地面测绘和地障回避等功能。

进气口下方外挂架上的750磅（340千克）汤姆逊–CSF PDLCT TV/热成像系统。这个激光热成像系统(Laser Designation Pod with Infra-Red Camera)无论白天黑夜都能保证高效，能被法国航空公司的AS30L导弹或者玛尔塔/BAe生产的BGL1000炸弹直接使用。一个导弹或者LGB能被装在右舷翼内挂架上，同时两个激光武器和一个

RPL 522能在短途任务时被装载，而且空中加油也是可实现的。

从2000开始，玛尔塔/BAe的APACHE也是可行的。这种远离防空区武器拥有一个小的涡喷发动机，稳定翼、INS雷达和雷达，使其能攻击距发射起点87英里（140千米）的空域。

D的改型机还包括幻影2000D-R1N1L（最初的六架幻影2000D都以此命名）。这种改型最初都只能发射AS30L和BGL1000，以及Magic空对空导弹。它在1993年7月29日获得了初始作战能力，给予了法国空军装备急需的激光制导炸弹的能力。到1995年6月，所有的这些都被更新成

为了R1标准型。

2000N-R1N1机型能够携带更多的武器，容量约为同样构型的四架飞机。另一种改型2000D-R1，能够操纵所有上述常规武器，除了APACHE（armée propulsée a charges éjectables，可弹射负载武器）和SCALP(APACHE的一种发展形式)。在1999年后期，生产转变为幻影2000D-R2机型，增加了发射APACHE的能力，综合了SAMIR导弹卷流探测器和箔片/照明弹散射器以及干扰发射台的完整的自我防御自动化系统，以及ATLIS II激光导向系统。第三个生产标准，为被称作幻影2000D-R3的机型，最初提出供给SCALP和侦察系统。在1996年6月由于国防预算R3机型被宣告取消。

幻影2000S

达索公司运用2000S来命名这种无核能的供出口的拦截机。它从本质上来说与

下图：幻影2000D是一款典型的执行远距精密攻击任务的机型，携带两个法国航空公司AS320L激光制导导弹。这个是2000D飞机的主要武器，其命名由PDLCT 前视红外/激光系统或者ATLIS II TV/激光系统组成。与超级530D空对空导弹一样，AS320L都受到飞行时间的限制，并且训练时只是少量携带。

上图：中国台湾的48架幻影2000-5EI服役于在新竹的第二战术飞行大队。在空军防御任务方面进行了优化，它们都带有玛尔塔/BAe产Magic2和Mica导弹。

2000D是一样的，但是在20世纪90年代中期，在还没有任何销售记录的时候就悄悄地从所有宣传资料中消失了。然而两架幻

下图：尾翼上只标着"S"并且被称作幻影2000S，这架飞机实际上是一架标准的2000N伪装成出口的版本。

影2000N曾经在1989年和1990年的航展被标上2000S的图标。

幻影2000-5

幻影2000-5在一次主要的更新原来的拦截机武器系统时集合了汤姆逊-CSF RDY雷达、APSI驾驶舱、玛尔塔/Bae Mica导弹和ICMS Mk 2自我防御系统。最初是双座机"CY1"，在1991年4月27日进行首

飞，其尾翼上标有"01"（随后它被转换成单座样机）。

2000-5的内部改进包括升级了发动机驱动的发电机和为飞行员安装了先进的HUD。出口机型上完全自动化的ICMS Mk 2极大程度上改良了幻影2000D的自我防御系统，主要通过在机头加装了一个接收器/处理器，其次在翼尖安装了DF天线。

2000-5改型

法国空军最终被说服来提供资金将已有的37架飞机机身改为2000-5F标准型。最初的生产版本，根据合同义务，第38号在1997年12月30日被移交到伊斯特尔，

但是直到1998年4月才移交给CEAM开始飞行员转换训练。法国空军最初的标准转换与出口的2000-5基准略有区别，主要在于省略了从尾翼的两个超外差式天线。幻影2000-5F-SF1保留了法国标准自我保护设备（Serval，Sabre和Spirale），但是有轻微的改变。武器装备对于空中防御角色进行了优化，常规的构造是安装在翼根下方的外挂架上的四个Mica和一对舷外的Magic 2。一旦Magic的IR版本变得

下图：拥有最大航程构型，幻影2000-5F携带一个中心线RPL 522油箱和翼上安装的RPL 541/542油箱，能将航时从一个半小时增加到三个小时。而且由于一个锁接的加油探管，航时能进一步得以提高。

可行时，它将取代原有的。幻影2000-5F-SF2是一个法国空军升级项目。幻影2000-5的出口开始于1992年11月，并且被命名为2000-5 E，第一批收到的主要是来自中国台湾的60架订单。卡塔尔随后宣布了一个12架的合同，阿联酋也定制了30架，同时还为33架老飞机的升级项目提供资金（这一系列在2000-5Mk II标题下有所描述）。卡塔尔的1994年6月的订单（猎鹰合同）包括9架单座飞机，命名为幻影2000-5EDA。飞机的空对空导弹是Mica和Magic 2，但是因为玛尔塔/BAe黑珍珠远射飞弹它也拥有空对地角色；AS30L和BGL1000带着合适的标志符；以及BAP100，迪朗达尔和贝卢贾空对地武器。

Mica和Magic都是中国台湾48架单座幻影2000-5 El的主要武器装备，第一支飞行中队在1997年11月获得了初始战斗能力。这些飞机的构型与优化空中防御角色的-5F类似，除了拥有所有的五个尾翼天线。1997年5月5日前五架由海运送达中国台湾。

幻影2000-5Mk II

阿联酋在经历一次持久的竞争之后在1997年12月预订了30架新的幻影2000，要求在1998年后期和2001年后期运达。所有33架剩余的幻影2000EAD、RAD和双座的DAD将会被改装为这种标准型，最初被命名为2000-9，但是在1999年被改名为幻影2000-5Mk II。这单价值34亿美元的交易直到1998年11月才终结，尽管运送日期有所延误。

2000-9机型进行了特别改进来满足阿联酋对于远距攻击飞机的要求，同时要能携带6个Mica导弹。在1998年11月，宣告称-9飞机将会装备玛尔塔/Bae动力黑Shaheen，一个为了澳大利亚空军和法国

空军而研制的SCALP EG/风暴阴影的发展型号。

原始的幻影2000B样机在被完全更新为最初的2000-5之前被作为雷达测试试验台。它被称为"B01"，广泛代表了出口飞机构型，除了缺少第三个前向尾翼天线。出口训练机带有RDY雷达被提供给两个海外-05的运营商。卡塔尔的3架幻影2000-5DDA成为9架-5EDA的伙伴。中国台湾拥有12架幻影2000-5DI，其中第2051是第一架出口的幻影2000-5，于1995年10月进行试飞。最初的飞机于1996年5月9日移交给法国。

下图：原来被称作"CY1"，第一架幻影2000-5，这架飞机继续证明了2000-5的性能，据说出口的构型携带有ICMS MK2 EW系列设备。

幻影2000运营者
Mirage 2000 operators

幻影2000，除了高造价和复杂程度，在20世纪80年代早期获得了显著的销售成功。在80年代后期出现了衰退，但是在90年代早期，2000-5的出现又开始赢回大量的订单。

印度

　　印度在1982年10月订购了40架幻影2000，包括36架单座机。为了加速交付，最初的26架飞机生产采用了M53-5发动机，因此命名字采用了"5"。1984年9月21日，KF101进行了首飞，飞行员接受在法国的训练完成之后，第一批7架飞机在1985年6月20–29日由空运进行了交付。当局采用"Vajra"来命名，大致翻译为"霹

霄"。印度第一次合约的最后10架飞机和后续的在1996年3月增订的6架飞机都在1988年10月交付，安装了M53-P2发动机。早期的26架在印度被改装成为标准型。其构型和颜色（黑色整流罩）都与法国的2000C一样，但是到1993年，至少有两架中等的棕色和深绿色上表面机身伪装，暗示着其执行低空任务。印度空军的Vahra飞机都有双重角色，能携带玛尔塔ARMAT反雷达导弹、杜朗达破坏跑道炸弹和作为替代Magic和超级530导弹的贝卢贾集束炸弹。然而，在前七架飞机到达时的庆典上，宣称2000H飞机拥有羚羊5雷达和一个第二ULISS 52惯性导航系统，暗示着其将是2000D拦截机的单座版本。这个明显的矛盾从来没有被完全解决。操纵这些飞机的是在瓜廖尔的第1和第7飞行中队。

秘鲁

　　秘鲁在1982年12月宣称要预订12架幻影2000P飞机，但是在1984年7月由于资金问题进行了再次协商。最后，10架从1986年12月起开始被交付给在拉霍亚的第412飞行中队，安装有汤姆逊–CSF ATLIS激光制导、2205磅（1000千克）玛尔塔制导炸弹、玛尔塔AS30L导弹和一套自由落体炸弹。秘鲁的幻影2000P与委内瑞拉的F-16一起，被毫无争议地认为是南美的领头者。这些飞机与米格-29一起代表了当地最先进的战斗机。

　　秘鲁最初想订购3架双座机，但是后来缩减为两架。它们服役于在拉霍亚的第412空军飞行轰炸中队。秘鲁的幻影2000P也担任双重角色，经常携带炸弹。它们也具有装备为AS30L导弹和玛尔塔BGL炸弹制导的ATLIS系统的能力。

埃及

　　埃及是幻影2000第一个出口的国家，却是第二个接受者。合同在1981年12月签定，包括16架单座2000EM。第一架在1985年12月首飞。幻影2000EM的唯一特征在于ServalDF单元上方的单一的，面向后方的天线，在尾翼后缘高处。这些飞机驻扎于Berigat，带着中等灰色的上表面（黑色整流罩）和浅灰色下表面。其武器装备包括带着ATLIS激光制导的Magic，超级530，ARMAT 先进舰用导弹系统和AS30L先进舰用导弹系统。

卡塔尔

　　卡塔尔1994年的7月的订单包括9架单座幻影2000-5EDA飞机。它们拥有完整的ICMS Mk2防御辅助装置，包括5个尾翼天线、二级翼尖传感器和Spirale的供给，加上一个脊椎骨里的GPS天线。空对空导弹是MICA和Magic2，但是飞机也因为玛尔塔/Bae黑珍珠远射导弹（APACHE的出口改型）而具有空对地角色；带着合适的制导的AS30L和BGL1000，以及BAP100、杜朗达和贝卢贾。一个882磅（400千克）的汤姆逊-CSF ASTAC地面雷达定位系统也能装载。最初的4架卡塔尔飞机（包括3架-5DDA）完成在法国的训练后于1997年12月18日抵达卡塔尔。

法国

　　法国空军在1984年庆祝其50周年纪念日时接收了它的第一支幻影2000C的飞行中队。

　　第1/2飞行中队 "Cigognes"，即著名的 "Storks" 中队，位于第戎，于1985年早期，拥有了完整的中队力量，包括训练机。另外两个联队也很快装备了2000C飞机，取代了幻影IIIE和幻影F1C飞机。在法国航空策略中，幻影2000C被分配来执行国土防卫和海外调停任务，它们曾参与了类似 "沙漠风暴" 和波斯尼亚上空的 "禁飞行动" 的冲突。既然拦截和空域防卫角色已经实现，目光更多地转向核攻击。基于2000B训练机的双座2000N飞机携带有ASMP核远射导弹，被交付给两支飞行中队，取代了幻影IIIE和捷豹飞机，第1/4飞行中队 "Dauphine" 是在1989年7月12日接收2000N的首支部队。由于拉斐尔项目的延误，更多的2000N飞机被预订包括不携带ASMP导弹的版本，随后被命名为2000D。这些携带了类似AS30L激光制导武器的2000D飞机被用来执行精细攻击任务，装备了驻扎于南希的三支飞行中队。先进的2000-5飞机慢慢进入了法国军队开始服役，首支飞行中队（第2/2飞行中队）在1999年7月接收了样机。这些飞机是重新改装了的幻影C系列飞机，并且融入了新的航空电子和武器设备。

中国台湾

　　幻影2000-5的订单数最大的是中国台湾，其订购了60架作为主要建设空军战斗机力量的主要部分。这些飞机包括48架2000-5EI和12架-5DI双座训练机。Magic2和MICA空对空导弹都包含在订单里。这些2000-5EI都将承担空中防御任务。中国台湾的2000-5飞机服役于新竹的第二战术飞行大队，就像卡塔尔的幻影飞机一样，中国台湾的幻影飞机也都拥有完整的ICMS Mk2电子对抗设备。最初的5架飞机在1997年5月5日开始由海运交付给中国台湾。第二系列运送了60架的需求。

阿联酋

　　1983—1985年，阿联酋预订了22架幻影2000EAD飞机。由于客户对飞机安装的设备不满意交付时间延误了，直到1989年11月第一架飞机才飞到中东。自我防御系统包括卡尔曼整流罩里的Spirale箔片/照明弹散射器、电子ELT/158雷达预警接收仪和ELT/558干扰发射台取代了标准的法国设备，新设备系统称为SAMET。另一个不同寻常的特点在于为了携带AIM-9响尾蛇AAM导弹或者Magic（也使用）进行的改装。由在Maqatra的第I和第II飞行中队操纵幻影2000。阿联酋也是唯一购买2000RAD侦察改型的顾客，总共购买了8架。6架2000DAD双座机包含在阿联酋的第一系列订单里，交付了灰色系的飞机。在经历一次持久竞争之后，阿联酋在1997年12月订购了30架新幻影2000，要求在1998年晚期和2001年晚期之间交付。所有的剩余的22架幻影2000EAD、RAD和双座DAD飞机都改装为该标准型，最初命名为2000-9，但是在1999年重新命名为幻影2000-5Mk II。这包括发射Black Shaheen（风暴阴影/SCALP的出口版本）的能力。

希腊

　　希腊的36架幻影2000EG飞机在1985年3月订购，从1988年3月开始被交付给在塔纳格拉的第331和332飞行中队来执行空中防御任务，并且其携带有超级530D和Magic2空对空导弹。准确的雷达版本据说是RDM3，最初被一个黑色的整流罩遮盖，后来换成灰色。希腊拥有四架双座机，安装有完整的设备，包括ICMS Mk1。希腊的40架飞机主要用作雅典的防御。大量的飞机进行了升级，一些飞机甚至装备了第二个飞鱼反舰导弹的能力。此外，希腊在2000年订购了18架-5Mk II飞机，并且宣告了将10架早期的飞机升级到标准型号。

"阵风"超级战斗机

Dassault Rafale French Superfighter

发展
Development

法国"阵风"战斗机的发动机和航电系统都是本国生产的。作为法国军事工业的旗舰产品，它显示了法国在21世纪称霸欧洲的决心。

公众了解"阵风"最早是在1982年6月。达索公司宣布正在研发一款"幻影"2000的继任机型，简称ACX（试验作战飞机）。从那时起，法国开始与英国和联邦德国商谈，在继续本国战机项目的同时，共同研发一款全新的多国战机。1983年4月13日，ACX项目签订合同，要求生产两架技术试验机。由于法国坚持对战机设计的主导权，并且提出了一些无法调和的要求（法国坚持生产8吨重战斗机，而其他国家都要求9.5吨），三国的合作出现了问题。但是，这并未影响该项目的飞速进展。随即英国、德国、意大利和西班牙共同宣布，他们将在英国航宇公司的"试验机"项目的基础上，继续研发新战机，这就是未来的"欧洲战斗机"。之后不久，1985年4月，ACX正式起名为"阵风"。没有人怀疑"阵风"的研发速度。1985年12月14日，"阵风"A技术展示机用卡车从达索公司的圣克劳德工厂运往伊斯特尔。1986年7月4日，该机在伊斯特尔首飞，试飞员是Guy Mitaux-Maurouard。

在首飞中，飞机在3600英尺（1093米）高度下，速度达到1.3马赫，达到7倍重力加速度。虽然与"幻影"一样采用了三角机翼，但是其下悬进气道和鸭式布局都表明其第四代战机的身份。由于斯纳克玛的M88发动机并未完成，动力是由通用电气公司的F404涡扇引擎提供的。在早期的测试中，"阵风"A轻松达到2马赫，证明了其进气道和前机身设计的优越性。1987年2月14日，法国政府正式宣布"阵风"将研发用于空战作战。

为了证明"阵风"A海军作战的适应性，1987年，该机在法国海军的航母上进行了一系列进场着陆测试。经过短暂的休

左图及对页图：由于担负战斗机使命的依然是老旧的F-8P"十字军战士"，海军航空兵对于装备"阵风"有着最紧迫的需求。因此，四架原型机中有两架都是其舰载机型"阵风"M，也是第一种服役机型。第二种服役机型是作战航电设备的主要测试平台。图中，M 02携带标准的空空作战武器，包括一枚"米卡"导弹和一枚"魔术"2导弹，从法国海军"福煦"号航母起飞。

整，1990年2月27日，"阵风"再次飞上蓝天。其左舷发动机舱内安装的引擎已经变成了M88；而另一个F404引擎在稍后也被替换。

1994年1月，"阵风"A结束了这次飞行测试项目。此时，已经有四架预生产型战机加入了测试。首架升空的飞机编号为

本页图：1994年2月24日，由"阵风"A技术展示机领衔5架战机留下了这张家族合影。随后推出的4架原型机比"阵风"A体积稍大，包括：1架单座机（C 01），编入空军；1架双座机（B 01）和两架单座机（M 01和M 02），编入海军航空兵。

C 01，是一架隶属于法国空军的单座原型机。尽管体型不如"阵风"A，该机引入了一系列新特征，包括翼根整流罩采用了全新的造型，座舱盖使用镀金设计，飞机的隐形功能与此是分不开的。机身四处点缀着一些天线（首先看到的应该是天线支架）。这些天线都是"频谱"防御系统的一部分。该系统有世界上技术最先进、功能最强悍的方向性干扰设备之一的美誉。

重新设计的机头是为了装载多模式RBE2雷达。该雷达首次出现在B 01上。1991年5月19日，"阵风"C 01首次升空，展示了其"超级巡航"（净推力下以超音速飞行）。

1991年12月12日，"阵风"M 01加入了测试编队。M型是海军航空兵部队的舰载机版本，装备了加固的起落架、拦阻钩和采用独一无二的"弹射支撑"技术

的头部前轮。在初始的弹射阶段，飞机前轮紧紧闭起，然后随着飞机的启动，前轮张开，使机头向上仰起。在美国进行了一系列虚拟甲板测试后，1993年4月19日，"阵风" M 01在"福煦"号航母上做了首次航母着陆。

1993年4月30日，"阵风" B 01双座机首飞成功。1993年11月8日，第二架"阵风" M也飞上了蓝天。这两架海军战

上图：由于攻击性作战任务的工作量对于仅有一名飞行员的单座机有些不堪重负，海湾战争后，法国空军设计师吸取"阵风"的战斗经验，对"阵风" B型双座机的要求作出修改（之前作为具备空战能力的教练机使用），使之能够适应攻击性作战任务。

机在一系列的甲板测试中接受了全面的考察，进行了各种装载量测试以证明它们完全具备舰载作战的能力。一方面，原有

对页图："阵风"的驾驶舱（图示飞机编号M01）是世界上最先进的座舱之一，充分采用了触摸屏和"手置节流阀和操纵杆"技术。主显示屏是由三块多功能大显示屏和一款大角度、单玻璃平视数字显示屏构成。该显示屏拥有前视红外成像能力，为飞行员夜间作战"开了一扇窗户"。

"十字军战士"舰载机要被取代；另一方面，法国全新的核动力航母"戴高乐"号将要装备舰载机，这表明"阵风"战机的上马，已经刻不容缓了。

1992年5月，经过对战机要求的修改，法国空军宣布其大多数"阵风"战机将会是双座飞机，计划取代"美洲狮"攻击机。"阵风"C则取代"幻影"F100截击机和F1CR侦察机。为了尽快让"阵风"进入部队服役，最初交付的战机的装备标准将会低于规定。但是，由于预算超支，整个生产计划速度大幅下滑。第一架投产机型"阵风"B直到1998年11月才首次试飞。2000年12月4日，海军航空兵订购的60架"阵风"M中的第一架顺利接收；法国空军的B/C型战机的首秀在2005年。法国政府和达索公司已经暗示，这些战机将会优先供应出口客户。

下图：法国空军将要采购单座机和双座机，后者在数量有绝对优势。这两个机型都被称为"阵风"D（D代表"审慎"），暗指型号的隐形特征。

"阵风"服役在即
Rafale nears service

与对手"欧洲战机"相比，"阵风"原型机更早投入使用。而且数年来，"阵风"项目似乎一直领先于多国的"欧洲战机"项目。考虑到与"欧洲战机"相比，"阵风"更简单，能力也没有那么强悍，这并不令人意外。"欧洲战机"的延期主要是由于德国国内政治问题。

虽然近年来资金问题一直困扰着"阵风"项目，但是经过5年的努力，它离正式服役仅有一步之遥。

1986年7月4日到1994年1月24日，主要是最初的"阵风"展示机进行测试。之后，头顶着"预生产型战机"的头衔，又有四架原型机加入了进来。其中，一架"阵风"C单座原型机，于1991年5月19日首飞；两架"阵风"M舰载机，分别于1991年12月12日和1993年11月8日首飞；还有一架"阵风"B双座机，于1993年4月30日首次升空。

法国空军最初计划中占主导地位的是单座"阵风"C，但是1991年，又转向具备作战能力的双座"阵风"B，并宣称其60%的战机都将是双座战机。"阵风"将会按照先进程度以3个梯级标准服役（使用者标准0、1和2），但最终只采用一个空军标准。同样，"阵风"的出口版本也会采用三种软件标准（F1、F2和F3）。

正式投产

1992年12月，"阵风"正式投产，但在1995年11月又陷入停顿。1996年4月，首架投产机的工作也全面终止。直到1997

上图：作为海军首架投产机，"阵风"M1与单座的C型机在机构、系统等方面保持了80%的相似度。最初的软件标准使战机在执行空防任务时，能同时攻击多个目标。后来F1.1标准软件增加了"米卡"空空导弹和与E—2C通信数据链。

年1月，达索公司和法国国防部达成协议，在2002—2007年，交付48架投产机（28架为确认订货，20架为可选订单）。显然，法国对"阵风"的需求要远大于此。空军希望能得到212架（与1992年规划的133架"阵风"B和95架"阵风"C相比，略有缩水）；海军航空兵则需要60架"阵风"M。

首架"阵风"的投产机（一架双座"阵风"B，编号301）于1998年11月24日首飞成功，然后飞往位于伊斯特尔的试飞中心进行进一步的研发工作。首架"阵风"M的投产机（1号）也紧随其后，于1999年7月7日首飞；之后，又一架"阵风"B投产机（编号302）也在当年成功试飞。

空军曾经计划让首批10架"阵风"马上服役，组成半支测试和出口促进中队，但是该计划没有通过。按飞机交付速度预计到2005年具备初始作战能力。

首支空军飞行中队

第7战斗机联队将会是"阵风"在空军的首支服役单位。该单位目前驻扎在圣迪济耶的罗宾逊基地，装备SEPECAT公司（欧洲战斗教练和战术支援飞机制造公司）的"美洲狮"战机，下辖3个中队，但到2001年年中，仅余1个加强中队。第

三架"阵风"B投产机，编号303，将成为该单位的首架"阵风"，也是法国空军唯一采用基础F1软件标准的"阵风"。第7战斗机联队剩余的飞机都将采用多用途F2软件标准，其装备的RBE 2雷达将拥有一系列空地模式，同时飞机还可以搭载最新的"阿帕奇"/"风暴幽灵"防区外导弹。采用F2标准的"阵风"还装备了Link-16数据链路多功能信息分发系统和OSF（前扇区光学系统）红外搜索跟踪系

下图：首架"阵风"B原型机B01和首架海军原型机M01正在展示不同的武器系统。翼尖武器支架可以搭载"米卡"（B01）导弹或"魔术"（M01）空空导弹导弹。飞机最大可以装配3个外置油箱。

上图：首架投产"阵风"B（301）于1998年11月24日首飞。前两架编入了试飞中心。服役时，B型战机将承担单人或双人作战任务。

统，同时用"米卡"红外制导导弹取代老迈的R550"魔术"空空导弹。"阵风"将在2005年宣布服役，届时最后一架"美洲狮"也将退役完毕。

空军的"阵风"后续机型将采用F3软件标准，可以搭载"改进型中程空对地"（ASMP）巡航导弹、新型ANF反舰导弹（处于研发阶段，将取代"飞鱼"导弹）、各种侦察吊舱、同型飞机空中加油吊舱，以及一个飞行员专属的Topsight E型头盔瞄准器系统。空军所有的"阵风"都将在进场保养阶段升级到F-3软件标准。具体的细节还没有透漏，但是预计首批采用F3软件标准的"阵风"将会取代空军中剩余的"幻影"F1。到2015年，140架"阵风"将会交付完毕，而"幻影"F1也将完全退出舞台。

"阵风"的研发还在继续，到服役时还会有新的功能出现。比如2001年在勒布尔热举办"巴黎航空沙龙"上，一架"阵风"的机身背部的两边安装了大型保形油箱。还有，一直以来，有报道频繁提及针对该机型各种隐身功能的研发从未停止。1992年7—8月，达索公司和海军航空兵在帕塔克森特河海军航空基地和赫斯特湖基地对"阵风"M进行弹射和拦阻着陆测试。1993年，第二次该系列测试完成。接着，"阵风"M在"福煦"号航母上进行甲板测试。1993年11—12月，以及1995年10—12月，进一步的甲

左图和下图：两幅图片中显示了法国空军的B 01测试机正在展示其空地攻击和空空攻击的不同武器配备。下图中，该战机搭载了MBDA公司的"阿帕奇"防区外弹药布撒器，3个外置油箱；翼尖装备了"米卡"红外制导空空导弹。左图中，该机携带了同样容量的燃油和4枚惰性GBU-12激光制导炸弹；翼尖装备了"魔术"空空导弹。还请注意可拆卸（此处已安装）的空中加油管。当进行低空突防任务时，"阵风"可以携带12枚551磅重（250千克）的炸弹、4枚"米卡"空空导弹，其外置油箱可装载880英制加仑（4000升）的燃油，其作战半径达到了655英里（1055千米）。

板测试在美国举行。1994年1—2月，"福煦"号航母迎来了第二架测试战机。1994年10—11月，该战机在"福煦"号进行了第三次甲板系列测试。

海军航空兵接收战机

从2001年起，海军航空兵预计接收10架采用最初F1（仅用于空防任务）软件标准的"阵风"。其中8架编入"戴高乐"号航母第12飞行小队，并于2002年具备初始作战能力。随着F1.1的发布并应用于战机，原始的F1软件标准很快被取代。新版本增加了"米卡"导弹的红外寻的版本；MIDS（多功能信息分发系统）数据链可以使战机与海军航空兵的格鲁门公司的新E-2C"鹰眼"进行安全通信和数据转换。接下来的15架"阵风"将会

上图："阵风"M01在测试中发射一枚研究用"米卡"空空导弹。该新型武器还有红外型号和主动雷达制导型号。"阵风"在执行空防任务时最多可携带8枚导弹。

采用F2软件标准，它们将组成"阵风"的第二支单位，第11飞行小队，从2005年起开始服役。最后一批35架飞机将采用F3软件标准（到2008年，所有的早期"阵风"M都将改装该软件系统），整个海军航空兵部队将增加到3支飞行中队，驻扎在布列塔尼基地。这样，该部队将拥有一支40架战机的核心编队，另外20架用作后备队。随着法国海军的航母部队由两支航母编队（"克莱蒙梭"号和"福熙"号）缩减到一支（新的"戴高乐"号航母编队），未来对"阵风"M的大宗订单不太可能出现。

超级军旗
Super Etendard

发展
Development

在马岛战争和海湾战争中"超级军旗"飞机和飞鱼导弹的结合都产生了毁灭性影响。但是，"超级军旗"的战果无法掩饰其在操纵、航程、载荷能力方面的一些很严重的缺陷。

上图：为14架阿根廷海军航空部队的第1架"超级军旗"飞机在1981年在法国优先交付。5架飞机在马岛战争开始时已完成了交付，被用作预备机。其他的摧毁了两艘英国战船。

本页图：很大程度上选择“超级军旗”是出于政治原因，优先于英法的捷豹海上改型飞机。超级军旗尽管飞行速度很快，但是在携带武器时活动半径非常小。

当"超级军旗"能达到所有发展准则时，71架批量生产的飞机从1978年6月开始替换法国海军航空部队第11、14和17舰队的军旗IV飞机和F-8E(FN)"十字军战士"拦截机。

当马岛战争开始时，1982年4月，阿根廷海军（唯一的超级军旗出口顾客）接收了订单中14架中的前五架来装备阿根廷的位于BAN Cdte Espora的非舰载的第二飞行中队，并且携带五个AM39飞鱼导弹。从里奥加耶戈斯起飞，它们的首次登台在1982年5月4日在马岛战争中击沉了雪菲尔号，接着在5月25号毁灭性打击了货船大西洋搬运者号，并且没有超级军旗飞机的损失。第二和第三飞行中队损失了至少三架飞机，并且仍然操纵剩下的那些飞机。

在1983年10月在两伊战争中，五架法国海军航空部队的"超级军旗"飞机被租用给伊拉克空军和一系列的AM39被出售来对抗伊朗的坦克，取得了极大的成功。幸存的四架飞机在1985年早期回到法国，后来被装备Agave的幻影F1EQ飞机所取代。

一个20世纪80年代中期升级项目预计将花费约20亿法郎（约合4亿美元）来拓展法国海军航空部队幸存的60架超级军旗飞机的远距攻击和反舰攻击能力。大约53架飞机在屈埃尔进行了改装可以发射300kT法国航空公司的ASMP远距核武器。主要的改变还是在于航空电子设备的更新，包括新的驾驶舱设备、操纵杆和

一种能集中跟踪扫描、空对面测距、地面测绘和搜索功能的新型达索电子雷达。同时，还增加了夜视镜，机身也进行了加强来保证6 500小时的疲劳寿命，使得"超级军旗"的服役年限大约能增加到2008年。

"超级军旗"升级的样机1990年10月5日在伊斯特尔进行了首飞，达索公司改装了另外两架来研究操纵。在1991年7月第14舰队解散后，它优先重新装备海军航空部队的第一个阵风M战斗机单元，"超级军旗"取代了在耶尔的第59S飞行中队最后的11架军旗IVP飞机。他们被用来作为法国海军飞行员完成在Fouga Zéphyrs的着舰训练后的操纵转换训练。

如今的"超级军旗"

三叉戟行动，以及盟军行动中法国的贡献第一次显示了海军航空部队"超级军旗"将激光制导武器和指示器带到战争中来。正在持续的"超级军旗"现代化（简称ESM）五个阶段进程使得"超级军旗"能使用这些武器。在盟军成立时，16架所谓的标准3SEM飞机被交付，这个版本能够投掷500磅（227千克）GBU-12美制铺路II LGB和使用AS30L激光制导导弹，两者都使用了ATLIS激光指示器。所有这些飞机都被分配给负责运送飞机的Foch号的第11舰队，在1999年1月作为特遣部队470驶入亚得里亚海。

本页图：与之前的军旗系列飞机外观一样，图为一架早期的"超级军旗"慢慢滑行入位准备起飞。这架飞机（NO.10）属于第11舰队的第一个操纵飞行中队。

16架飞机中的6架安装了ATLIS和为了其他SEM指定的目标，并且携带一个单独的AS30L或者2个LGB。这使得第11舰队不得不使用人–激光概念来引导LGB操纵。

在盟军期间，SEM飞行412次进行有攻击性的战斗任务，投掷了266个炸弹和2个AS30L导弹。88次任务被取消，主要由于恶劣的天气和很大的附带伤害的可能性。

超级军旗升级项目的下一个阶段在于融合使得LGB/ATLIS能同时被一架飞机携带的改进。这种标准4也将包括可选择携

带一种机身腹部下方半埋入式的新型侦察系统。内部的加农炮需要改变位置。当标准4变得可操纵的时候，海军航空部队淘汰了最后的军旗IVP飞机。1990年1月在Foch上进行了这种融合的样机的测试。

标准4飞机还融合了一种新型的自我防御套装，包括Sherloc雷达预警接收器、被固定在两个新的翼下外挂架上的可编程的箔片/照明弹散射器和一个新的安全跳频电台。最终的标准型（标准5）的发展开始于2000年早期，但从2003年行动开始融合了夜间精细攻击能力。前视红外雷达和夜视镜是这种标准型的主要特征。由于电子–光学ATLIS只能在白天使用，海军航空部队目前正在寻找用于夜间行动的激光指示器。

本页图：超级军旗最新的，几乎确定也是最后的，以战斗状态出现在科索沃上方，进行了攻击和侦察任务。

超级军旗

"超级军旗"服役20多年以来，除了经历了多次失败，目前只是在准备退役过程，而且拉斐尔被指定来替代它。这架样机属于现在已经不存在了的曾驻扎于兰迪维索第14舰队。

性能

在军旗飞机性能上的改良在于使用了斯奈克玛的阿塔尔涡喷发动机的8K50版本后产生的额外的1 102磅（4.9千牛）的推力。基本上与曾装载幻影F1上的发动机是一样的，但是射流增加了。然而，它的燃油性能比前辈们有所减弱，超级军旗只能携带油箱的能力只有一般标准。

武器装备

直到近些年的发展，超级军旗（法国军队中）的武器选择才开始包括15-kT的AN52战术核武器。常规武器装备包括2个DEFA552加农炮，4个LR150火箭弹发射器和6个551磅（250千克）或者4个882磅（400千克）的炸弹。为了空中防御，一个玛尔塔R550 Magic空对空导弹也被安装在每个翼外挂架上，与一个132加仑（600升）的中心线油箱相协调。

雷达

　　汤姆逊-CSF/ESD Agave雷达是一个简单轻量级的系列，能够探测25英里（40千米）的巡逻船和一个12英里（19千米）外的战斗机。它由一个左手边侧杆来进行控制。

达索/道尼尔-阿尔法喷气式飞机
Dassault/Dornier

发展
Development

由法国作为喷气式训练机和德国作为轻型攻击机研制的阿尔法喷气式飞机很好地服役于法、德两国。这款飞机目前仍服役于法国军队，而且对于不少出口的顾客来说，它被证明是理想的训练机和攻击平台。

不仅仅是训练机

作为新系列最早的轻型多功能军用飞机之一，阿尔法喷气式飞机能执行先进的飞行训练、武器指示和地面攻击任务。由法国的达索公司和德国的道尼尔公司共同研制，超过500架阿尔法喷气式飞机被交付给十支空军，使其成为欧洲最成功的战后飞机之一。

阿尔法喷气式飞机的故事可以追溯到20世纪60年代，法国与德国空军人员首次讨论到对于一架喷气式训练飞机的需求。法国计划在20世纪70年代取代其Fouga Magister基础训练机，洛克希德T-33先进训练机和达索神秘IVA武器训练机。而德国显然也在考虑研制一款训练机，但是随即决定继续使用美国设备（在Cessna T-37和Northrop T-38上进行训练）以便于

拥有一年到头的好天气。然而，德国明显需要替换Aeritalia/Fiat G91R，德国空军还拥有超过300架这样的飞机担任轻型地面攻击角色。1969年7月22日，两国政府因此宣告进行合作，共同研制一款既能担任训练角色，又能完成近距离支持角色，并且各自有购买200架的意图。阿尔法喷气式飞机是一款双发涡轮风扇发动机飞机带有大后掠角机翼，发动机安装在机身侧面被称为"保形系统"的装置里。两个机组人员座位纵向排列，后驾驶舱要高很多以便于在飞行训练时，指导员能在学生飞行员上面直接看过去。在法国生产的阿尔法喷气式E飞机里，飞行员们被提供Martin-

上图：法国空军特技飞行队，"法国巡逻兵"在1980年出售它的老化的"Fouga Magisters"来购买阿尔法喷气式飞机。这支特技飞行队非常完美的表演毫无疑问帮助了这架飞机在世界上的销售。

Baker弹射座椅；在德国生产的A模型里是Stencel座椅，这两种座椅都在当地进行特许生产。其他外部区别在于法国阿尔法飞机为了更好地旋转操纵性能机头安装了一个圆的带有铁箍的机头，而德国的近距离支持飞机拥有非常尖的机头。其他的特点还在于德国飞机安装了Litton多普勒导航雷达、Kaiser/VDO HUD，和一个安装在肌腹的27-mmMauser Mk27加农炮系

本页图：随着在法国图卢兹和德国的奥博珀法芬霍芬的安装线的设立，四架样机被建造，法德两国各自两架。首先进行飞行的样机一号在1973年10月26日从伊斯特尔起飞。

上图：法国空军使用阿尔法喷气式飞机E来做先进的飞行员训练、武器指导和作为国家特技飞行队使用。它目前的舰队包含55架飞机，驻扎在法国西部的图尔。

统。法国阿尔法飞机携带一个腹部的30-mmDEFA加农炮系统带有150发弹药。两种改型都有四个翼下外挂架，使得能达到5 511磅（2500千克）的存储，包括炸弹、火箭弹和导弹，或者可弃油箱。在阿尔法飞机生产接近尾声的时候，能够携带AM.39的飞鱼反舰导弹的能力也得以实施。与飞鱼导弹一起，阿尔法飞机还能携带两个玛尔塔Magic2空对空导弹和一个138加仑（625升）的可弃油箱，因此证明了超过原有训练机角色的能力。

世界级的训练机

阿尔法喷气式飞机在1979年5月开始进入法国空军的训练部队，在替换所有的洛克希德/庞巴迪T-33飞机过程中，到此时已经服役了20多年。德国空军几年后接收了其第一架飞机，阿尔法喷气式飞机很快被分配了与其邻居法国相比更加有力的角色，即给北大西洋组织的前线军队提供战术支持。德国的阿尔法飞机也被看做攻击那时最受瞩目的俄国"海因兹"大型舰队最理想的飞机。阿尔法飞机保留了作为潜在的直升机杀手的绰号，直到一些更有攻击力的飞机开始服役于北大西洋公约组织盟军。

出口成功

这种飞机的成功不仅仅局限于欧洲。许多国家购买了该款飞机来满足他们训练和攻击的需求。

这种飞机的第一个顾客是比利时，订购了33架飞机来取代它的充当基础和高级训练角色的T-33和Fouga Magisters。另外，阿尔法飞机还被多哥、象牙海岸、卡塔尔、尼日利亚和摩洛哥购买作为战斗

上图：为了庆祝北大西洋公约组织1996年5月在葡萄牙的贝雅区举行的老虎会，这架来自第301飞行中队的阿尔法喷气式飞机"Jaguares"，PAF被很好地装饰上老虎条纹标志。

机。摩洛哥阿尔法喷气式飞机也担任侵略性的训练角色，因此它们机头上携带有大的红色和黄色数字和星星。这些销售得来并不容易，因为阿尔法飞机的主要竞争对手是BAe的Hawk飞机，尽管是改进后的飞机，但是仍然在美国海军运输训练飞机的投标中打败了阿尔法喷气式飞机。尽管缺乏大量的销售，并且德国空军也将其从前线撤回，达索/道尼尔公司还是决定继续发展基本设计，例如安装FLIR和CRT显示器等系列设备。当现代战斗机变得更为复杂时，对高效的飞行员训练机的需求会越来越重要，阿尔法飞机则继续满足好几个运营商的需求。

下图：阿尔法喷气式飞机NGEA是一款改良了的攻击版本，包含从埃及MS2发展而来的导航/攻击系统。这架样机武装了一对玛尔塔Magic空对空导弹和一个飞鱼反舰导弹。

阿尔法喷气式E

这些飞机驻扎在博弗尚（Beauvechain）的军事基地，装备到第7和第11"斯摩地"（Smaldeel）中队，分别用于执行高级和初级飞行训练任务。

驾驶舱布局

两个驾驶员被分别安置在纵向排列的透明玻璃下的马丁-贝克Mk10弹射座椅上；前面的飞行员配置了一个简化的HUD。前面和后面驾驶舱的设备是相同的。

动力装置

斯奈克玛/Turboméca公司Larzac 04-C6（其中两个被安装在机身侧面的短舱中）能产生3 175磅（13.24千牛）的推力。这是一个涵道比为1.13的涡轮风扇发动机。带有两级风扇、四级HP压缩机、单级HP涡轮机（来冷却刮片）和一级LP涡轮机。

翼下装载

尽管阿尔法喷气式飞机能够携带很多种火箭弹和炸弹，这架比利时空军样机安装了标准的68.2加仑（310升）可弃油箱。航程上的增长是以损失攻击能力为代价的。

腹侧加农炮

这架比利时飞机装载了腹侧加农炮系统，包含一个DEFA 30毫米加农炮和150个弹药。德国样机都安装了一个27毫米毛瑟加农炮。

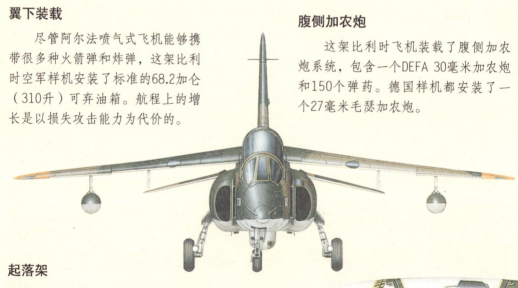

起落架

液压操纵的西班牙-布加迪/利勃海尔三轮起落架特点在于低压轮胎（只在主轮上）和防滑制动器。

训练机颜色

这架阿尔法喷气式飞机显示出原有的训练机开始使用时的颜色。最近经历过彻底检修的飞机被重新喷涂了双色调的灰色伪装,尽管橙色的训练带被保留了。

AT 01

本页图：大多数阿尔法E飞机上面呈现双色调，下面呈灰色。然而，在1999年，一个全部灰色的色系被采用。

达索/道尼尔运营历史
Operational history

在面临强大竞争时，尤其是来自BAe的Hawk的压力，达索道尼尔公司依然获得了可观的以实用著称的阿尔法喷气式飞机在国内外的销售成功。

阿尔法喷气式飞机因其卓越的双发拉扎克发动机和轻型攻击机性能，而成为一家非常重要的先进的武器训练机和轻型攻击机。原本为了满足法德两国的需求，阿尔法喷气式项目开始就有着得到保证的生产量，这两个发起的国家最后总共订购了351架飞机，尽管比原本计划的要少。这架飞机实际上是布雷盖126飞机和道尼尔P.135飞机优点的结合，在与斯尼亚斯/梅柏布公司的E.650Eurotrainer和VFW-Fokker的VFT-291进行的策略竞赛中获选。

从1970年开始，阿尔法喷气机陆续取代了洛克希德公司的T-33机型来执行高级训练任务，取代了达索公司的Mystere IVA机型来执行武器训练任务，并取代了德国空军的G91机型来执行轻型攻击任务。这架飞机所要求的众多性能促使设计团队来设计一款通用的基础飞机（为了满足不同

的需求尽管德国和法国都拥有特殊定制的子改型飞机），这也在另一方面促进了该飞机的出口销售的潜力。双发构型是德国担心之处（由于F-104的严重磨损而引起的）。达索公司作为高级合伙人，很多人期待这架飞机能成为该时代最成功的训练机，尽管这些好的愿望并没有最终实现。实际上，阿尔法飞机的生产量只达到了504架，终止于1991年。大多数飞机出口国都是法语国家（比利时，以及一些前法国殖民地例如喀麦隆、科特迪瓦、摩洛哥和多哥），这些国家习惯于为了军事飞机需求求助于法国，而比较特殊的是尼日利亚，其他的（例如埃及和卡塔尔）都是现有的达索幻影飞机的运营者。即使尼日利亚作为新的法国和德国的合作伙伴，也接收了大量的前德国道尼尔Do 27、Do28、Do128飞机和比亚乔P.149飞机，以及新型

上图：在梅克内斯的战斗机飞行员学校使用的是摩洛哥皇家空军的阿尔法喷气式H型号飞机，从1979年开始交付。两翼的阿尔法E飞机来自GE.314，一支法国空军部队，其历史可以追溯到1943年在摩洛哥服役期间。

梅柏布Bo105。

　　不幸的是，阿尔法喷气式飞机在喷气式训练机市场面临了激烈的竞争。贝霍克教练机被认为是喷气式飞机里的劳斯莱斯，而像捷克的L-39 Albatros和意大利的Aermacchi MB.339能以相对比较低的价格提供很好的性能，并且在本土也有过剩的国产的训练机和轻型攻击机或者特许的竞争设计。

　　后来进入市场的还有阿根廷的IA63 Pampa，智利的Halcon，中国–巴基斯坦的K-8，印度的Kiran II，波兰的I-22 Iryda，罗马尼亚的IAR 99 Soim，南非的Impala，西班牙的C.101，中国台湾的AT-3和前南斯拉夫的G-4 Super Galeb。高性能涡轮螺旋桨飞机以PC-9和EMB-312 Tucano为典型。

阿尔法飞机被证明无法获得突破性的销售成绩，在美国海军VTX-TS竞争中输给了贝霍克，没能说服印度空军从霍克飞机转向阿尔法，尽管获得了数量不小的订单。更尴尬的是，当法国海军对运输训练机的需求出现的时候，很快显示阿尔法飞机比不上它的死对头带有强有力的T-45 Goshawk外观的贝霍克飞机。最后，法国海军航空部决定与美国空军一起训练（在T-45上），这样就避免了法国购买英国货的尴尬。

四架样机中第一架在1973年10月26日进行了首飞，只在它的老对头霍克飞机之后两年。这架飞机的基础版本特点在于增加推力的拉扎克04发动机，扩宽的舷外前缘，单缝Fowler扰流板和舵机控制。法国空军的是阿尔法喷气式E型飞机（供学校使用），德国空军的是阿尔法喷气式A型飞机（供战略支援或攻击使用）。阿尔法A型飞机装备了马丁–贝克弹射椅，圆的钝的机头使得改良了训练机所必须的高迎角和盘旋改出操纵特性。在武器训练角色里，阿尔法E型飞机能携带腹侧枪系统包括一个单独的DEFA 553 30-mm加农炮带有150发弹药。

所有的第一手的出口顾客使用的都是基于法国阿尔法A型飞机，尽管埃及的第

下图：第一架比利时空军阿尔法飞机优先漆上灰色和棕色伪装。由于比利时的订单，SABCA公司获得了生产这款飞机的机头和副翼的合同。

上图：阿尔法喷气式飞机"AJ58"拥有四个外挂架替代了原有的更宽的两个，携带一对火箭弹系统和四个自由下落炸弹，尾部安装了VOR翼梢，而其他的用户没有采用。

一系列训练机被命名为阿尔法喷气式MS飞机（或者MS1），并且装备了加强的航空电子设备。阿尔法MS2型飞机专注于轻型攻击机，带有新的更加尖的机头，一个汤姆逊-CSF TMV630激光测距仪。数字装备数据总线的MS2飞机还装备有一个Sagem Uliss 81惯性导航系统，一个汤姆逊-CSF VE110 CRT HUD和一个TRT-9无线电测高度计。阿尔法E型机，作为一款操纵飞机，拥有Stencel弹射座椅和一个指定的海上攻击系统，带着一个Litton多普勒仪、Lear-Siegler双陀螺惯性系统和一个Kaiser HUD。这款飞机在腹侧携带一个Mauser MK 27加农炮。达索–道尼尔公司进行了许多先进的阿尔法喷气式飞机研究，但是没有一种被顾客所购买。阿尔法喷气式2型飞机或者称为阿尔法喷气式NGEA（Nouvelle Génération Ecole/Appui新一代教练或支援）是基于MS2飞机，但是增加了Magic空对空导弹，更新了拉扎克04-20发动机（后来被再安装到德国阿尔法喷气式飞机上）。更加先进的是阿尔法3或者阿尔法ATS（Advanced Training System先进训练系统），也被称作兰西亚。这款飞机特点在于每个座舱里的新的彩色多功能显示器，使用了Agave或者Anenome雷达，基于前视红外线，TV或者激光的传感器。阿尔法ATS飞机保留了法国空军的阿尔法飞机的构型，但是通过不断的升级来获得一款新的继承者机型。

阿尔法喷气式飞机之后似乎迎来了一次小的复兴，这主要是由于德国打算出售了之前留下的数量可观的飞机。德国将这款机型在1993年开始前线服役的仅存的训练机于1997年6月退役。德国已经在1993年将50架阿尔法飞机运到葡萄牙，尽管有

本页图：德国空军是这架飞机的原始客户，订购了175架阿尔法A飞机的近距离支持版本来取代菲亚特G.91R飞机，也是这款飞机退役时的任务。

本页图：科特迪瓦飞行中队（战斗机联队）有5架完整无损的阿尔法C飞机。但是只有两架是适宜飞行的。另外6架飞机的订单被取消了。

报道称其中30架很可能到达法国来替换使用了更长时间的阿尔法E型飞机，希腊也想要60架飞机，但是并未实施。

德国的飞机目前处于最低价位，能在交付前被完全翻新（以及升级）。低价和马上交付的便利给这些新阿尔法飞机带来了至少一个令人惊奇的顾客：英国的DERA订购了12架（其中7架将会成为飞行者）；这些将会取代老化的猎人飞机的无人机、飞行员测试训练和实验支持角色。英国的阿尔法飞机随后将会取代一个Meteor无人驾驶训练机以及最后取代两个堪培拉目标发射器。

另外20架（加上5艘空闲的船）被泰国订购，阿联酋也要求购买20架，加上两架不能飞行的机身来用作替补，尽管后来并没有看见这些飞机进行服役。

下图：带着它突出的背脊，NAF 451是尼日利亚空军的24架阿尔法N飞机中的第二架，被优先交付。大约18架飞机幸存了下来，但是可使用能力非常低。

欧洲直升机公司 "虎"式直升机

Eurocopter Tiger

欧洲野猫
European Wildcat

"虎"式直升机的制造商欧洲直升机公司称其为目前世界上最先进的作战直升机，尽管这款法德联合开发的直升机还没收到任何出口订单。

欧洲直升机公司的"虎"式直升机的概念源自20世纪80年代中期德国对第二代反坦克直升机（PAH-2）的战略需要。同时法国陆军也在研发同样类型的反坦克直升机（HAC）。1984年法德两国就合作开发新式直升机签署了谅解备忘录。法国宇航公司和德国的MBB公司于1985年9月成立了欧洲直升机"虎"式联合股份有限公司；随后，这两家公司的直升机研发活动都合并到欧洲直升机公司名下，但是由于"虎"式项目是一个独立的政府合同，因此并没有归在欧直的正式结构中。在1989年9月30日，经过几次修订后，签订了主要的发展合同，"虎"式的名字也正式确立。

空对空导弹和顶装式STRIX瞄准器的测试

"虎"式（该直升机的通用名）的机身细长低阻力，配备串联双座式座舱，从中线两边进入平移。每个座舱都装有

本页图：欧洲直升机公司称"虎"式采用了最先进的技术，百分之八十的机身结构采用了复合材料，具有低雷达、红外线视觉探测性。

双色液晶多功能显示器，机组成员可以通过头盔进行瞄准。机身结构使用了大量复合材料，采用了先进的四桨叶半刚性复合材料旋翼。采用法国宇航公司设计的三旋翼尾桨，装备后三点单轮式起落架。武器悬挂系统在带有上反角的机翼上，装有榴弹炮发射器。动力由两台MTU/Turbomeca/Rolls-Royce MTR 390涡轮轴发动机提供，每一台的起飞功率为1 285轴马力（958千瓦），巡航功率为1 171轴马力（873千瓦）。

　　"虎"式针对其两个主要使用方准备

开发三种不同的型号。这几种型号经过了几次修订–主要是因为苏联武力威胁在欧洲的消失。反坦克型 "U-虎" 式以及侦查护航型HCP（多功能武装直升机）这两种基本的型号还继续存在。

德国只装备一种 "虎" 式直升机

UHT，这是一款多用途武装直升机，基本任务是反坦克作战。UHT替代了之前的PAH-2概念，增加了空对空能力，这是前者所不具备的。UHT可以配备HOT 3导弹或者Tirgat反坦克导弹、Stinger空对空导弹、火箭弹和机枪。装备有基于头盔的光

本页图：开始的时候，F–ZWWW装备有头盔式瞄准器，但是一年后被Gerfaut/HAP顶装式瞄准器和机头机枪所取代。在1996年年初，PT1从飞行测试收回进行地面疲劳测试。

本页图：法国的PT1，以HAP/Gerfaut的布置进行30毫米GIAT AM-30781榴弹炮，Mistral空对空导弹和顶装式STRIX瞄准器的测试。

电红外线系统，并配备激光测距仪以及机头下方的驾驶员红外线瞄准系统。之后可以增加安装在机头下方的30毫米口径榴弹炮。法国的反坦克型号称为HAC，同德国的UHT具有相同的配置。法国还需要一款基于HCP设计概念的HAP，进行护航和活力支援任务。这种型号一直被称为Gerfaut，直到1993年。同其他"虎"的主要区别是在机头下方装备的30毫米GIAT AM-30781榴弹炮。HAP不需要进行反坦克任务，但是装备了68毫米SNEB火箭弹和MATRA/BAe Mistral空对空导弹。此外HAP还用顶装式瞄准器代替了头盔式瞄准器。

发展

1989年的合同中计划制造5架原型机：3架非武装具备空气动力外形原型机，1架侦查用Gerfaut/HAP原型机以及1架全武装反坦克原型机。1架法国宇航公司的"黑豹"直升机用作MTR 390发动机的测试机，在1991年2月14日进行了首飞。3架其他的测试机2架"美洲狮"和1架"海豚"直升机—用来测试头盔瞄准器、夜视仪以及火控系统。第一架验证机（PT1，F-ZWWW）在1991年4月27日于马里尼亚那首飞，第二架验证机（PT2，F-ZWWY）即装备有所有必需的航电系统的Gerfaut/HAP机身在1992年9月9日于奥特布朗出厂，并在1993年4月22日首飞。在完成了对包括雷达有效区测试内的所有项目后，PT2重新装配成HAP，并命名为PT2R。

PT3（F-ZWWT）在1993年9月19日

下图：法国Gerfaut护航侦查机型作为第一架"虎"式反坦克直升机进行编队飞行。两架都在飞行测试计划当中。

对页图：澳大利亚在订购22架"澳洲虎"式之前对其进行测试。该机型是基于法国的HAP机型，采用顶装式瞄准系统以及一系列改装来满足需要。

试飞。该型号装备有完整的航电设备，之后在1997年被组装成标准的UHT，成为PT3R。

PT4（F-ZWWU）被制造成HAP/Gerfaut的原型机，装备有多功能顶装式瞄准器，并成为第一架发射武器的"虎"式直升机。1994年12月15日首飞，1995—1997年陆续装备了榴弹炮和Mistral导弹。该型号主要是为了吸引"虎"式的出口销量，并在瑞典和澳大利亚进行评估。不幸的是，在1998年2月17日，该型号在澳大利亚的一次夜间测试飞行中坠毁报废。

PT5（98+25）是针对UHT的专门的测试机，于1996年2月21日首飞。1997年装备了德国的武器系统，包括HOT导弹、12.7毫米机枪炮等。

国防预算缩减

冷战结束后，法国和德国的国防预算缩减，这导致"虎"式计划遭受严重

下图：英国购买的"虎"式促进了欧洲的国防和工业联系。在争取英国直升机订单中的失败对欧洲直升机公司是一个极大的冲击，之后又遭到两个合作政府的搪塞，推迟了购买自己生产的直升机的合同。

打击，制造和交付进度也相应推迟。原来"虎"式的需求量为427架（法国75架HAP、140架HAC，德国212架PAH-2/UHU）。德国1995年的财政计划中只有75架的预算，这促使低成本的UHT型号的发展。2001—2009年间又增加了112架的预算使预订数回到了212架。在1994年，法国的预订数量修订为115架HAP和100架HAC，尽管这可能还会被修订到一共140架的数量。

1995年7月英国决定购买波音/麦道公司的AH-64D直升机，这让"虎"式的前景更加不利。英国宇航公司和欧洲直升机公司合作竞标90架直升机订单，英国获得了"虎"式项目的全面合作关系，按理应该选择"虎"式直升机。欧洲直升机公司

被认为向英国提供了没有风险的订单，因为"虎"式的研发费用已经被法国和德国政府支付。

　　直到1998年5月，在经过了许多对"虎"式前景的质疑后，尽管德国的国防评估仍在进行，法国的财政预算受到限制，"虎"式又重新获得了官方的支持和生产保证。然而，在1999年1月，法国和

德国又推迟（6个月）签署第一个订购160架的协议，尽管之前规定这个价值38亿美元的合同会在1998年年末结束。这次推迟意味着在2001年年底、2002年年初向德国交付首批"虎"式的时间也相应推迟。2003年向法国交付首批HAP的计划仍在进行中。

本页图：在詹姆斯·邦德的电影"黄金眼"中的出场使"虎"式吸引了大众的目光，其中展示的技术可以使其可以躲避EMP（电磁脉冲）的攻击。

服役情况
Service Status

> 欧洲直升机公司的"虎"式直升机的研发过程虽然缓慢，但是稳步进行。尽管该项目也是许多受到资金缺乏以及后冷战时期重心转变影响的欧洲防卫项目之一，"虎"式最终准备投入服役。

在20世纪90年代后期，"虎"式项目在其两个主要的客户——法国和德国逐渐减缩的国防预算面前尽力表现。当欧洲直升机公司继续等待签署生产合同时，"虎"式在与其他直升机的竞争中并没有取得优势。本国政府对该项目的支持不够使"虎"式的销售团队在说服其他顾客进行投资的时候底气不足。在1998年5月，德国和法国当局签署了承诺进行系列生产的谅解备忘录（MoU），这是该项目向前迈进的第一小步。然而这并不是所期望的第一批订单。备忘录包括了最开始的160架的订单——德国80架，法国80架。德国对"虎"式的总需求量为212架，法国为215架。开始时希望可以在2001年起开始交付使用，但是备忘录签署以后不久该日期又被推迟。

直到一年之后，在2000年6月18日的法国航展上，"虎"式的生产合同最终签署。该协议包括最开始的160架（同1998年的谅解备忘录一致）。生产和最后的组装将在德国的多瑙沃特和法国的马里尼亚纳进行。后者会生产法国陆军订购的HAP战场支援型号，多瑙沃特将会分别为法国和德国生产HAC和UHT反坦克型号。两个国家均分花费和分工。第一架"虎"式于2003年开始交付。

出口情况

以坚实的项目推动力为后盾，欧洲直升机公司重拾信心投入国际市场。在1999

上图："虎"式直升机。

年9月，欧洲直升机公司向波兰提供订单，后者刚加入北约，计划升级其一线兵力。开始的时候波兰想订购96架本国设计生产的P.Z.L W-3H"哈扎"武装直升机，装备有HOT-3或者NT-D反坦克导弹，但是该计划最终被放弃。为了满足波兰修订后的反坦克武装侦察直升机需求，欧洲直升机公司提供了德国陆军的UHT型号"虎"式直升机——装备有HOT-3导弹、Stinger空对空导弹和20毫米口径机关炮。如果合作成功，欧洲直升机公司还承诺将与直升机制造商P.Z.L-Swidnik进行持续合作。尽管波兰决定升级其Mi-24，推迟了对新机型的大量采购，但是对未来作战直升机的需求仍在计划内，欧洲直升机公司的"虎"式仍然是强有力的竞争者。

出口潜力

另一个重要的客户是西班牙，准备用某"虎"式型号取代其BO 105导弹武装直升机。察觉到西班牙陆军30架直升机的需求后，欧洲直升机公司在2000年9月同EADS-CASA签署协议建立欧洲直升机西班牙公司。在2001年成立后欧直西班牙分公司成为欧洲直升机公司集团中第三大的子公司，它的成立也让西班牙更倾向于"虎"式直升机以及欧直公司其他的一些项目。

2000年10月21日，第一架预生产的标

本页图："虎"式HAP，之前称为Gerfaut，与一部勒克莱尔主战坦克一起。该型号是法国陆军的侦查／活力支援型直升机。GIAT生产了HAP的30毫米（1.18英寸）榴弹炮以及勒克莱尔主战坦克。

本页图："虎"式计划获得了第一个重要的出口订单，使其在对西班牙的销售中处于有利地位。图为获胜的HCP"澳洲虎"。

对页图：UHT的型号认证工作安排在2002年9月。中间的升级改进可能会为UHT增加一个30毫米口径的毛瑟机枪，以及给HAC装备安装在旋翼主轴上的多普勒雷达系统。

准"虎"式直升机在马里尼亚纳首飞，这是"虎"式直升机具有里程碑意义的一天。HAP型号直升机（PS1）是使用标准化生产流程（不像之前用开发中的工具进行生产的原型机）进行生产组装的。

在PS1首飞的同时，欧洲直升机公司宣布了另外两件重要的成绩。第一件是完成了对HAP武器系统的资格测试，包括Mistral空对空导弹、68毫米（2.7英寸）口径火箭弹和GIAT 30毫米口径机关炮。这些实验主要在PT2R2原型机上进行，

包括来自欧洲直升机公司、DGA飞行测试中心和法国陆军航空兵的人员进行了向3280～4921英尺（1000～1500米）外的53.8平方英尺（5平方米）目标区域进行攻击的测试。在空对地模式中进行了固定和移动目标测试，之后进行了空对空模式测试。在1000米的高度，10次射击9次击中目标，在1500米的高度，10次射击6次中目标。

欧洲直升机公司同时宣布同其合作伙

下图：HAP和HCP出口型的武器系统包括Mistral空对空导弹，12发或22发68毫米（2.7英寸）TDA火箭发射器以及HOT 3导弹或者Trigat AC3G 空对地导弹。30毫米自动榴弹炮配备有150～450发的弹药。

伴Thales Detexis、Dornier和MS&I一起，与SPAe签订协议共同开发"虎"式直升机的航空战术数据链接系统。

伴随着"虎"式的顺利发展，2001年年底该计划又取得了巨大的进展，最终赢得了对澳大利亚武装侦察直升机（ARH）项目的竞争。又被称为AIR 87计划的ARH竞争的进展就像坐云霄飞车一样，在原定的截止日期之后仍没有最终的决定，之后在2000年，整个计划被取消然后又重启。"澳洲虎"计划有波音公司AH-64D"阿帕奇"、贝尔公司ARH-1Z和奥古斯塔公司A 129"天蝎"进行激烈竞争，但是在2001年9月21日，澳大利亚国防部宣布同欧洲直升机公司签订了购买22架价值13亿美元的"虎"式直升机合同。从2004年9月开始向澳大利亚陆军航空部交付，并在昆士兰的澳大利亚宇航企业有限公司（最近成立的EADS在澳大利亚的子公司）进行组装。作为协议中的一部分，欧洲直升机公司将在澳大利亚建立生产EC 120轻型直升机的生产线。新的设备每年可以为澳大利亚、新西兰和亚洲市场生产30～50架直升机。

下图："U虎"式和UHT、HAC是基本的型号，带有和普通直升机一样的装载旋翼主轴上的瞄准器。这三款机型80%的部件通用。

"运输联盟"（Transall）C.160
Transall C.160

法德军用运输机
Franco-German tactical airlifter

作为首次由来自两个国家飞机公司的大规模合作的产物，C.160在超过30年的服役中，证明了自己是一架可靠而有效的运输机。

国际间的飞行器项目在今天看来是司空见惯的事情，所以我们很容易忘记在很短的一段时间之前，这在航空史上是很罕见的。就连代表北约组织的声明都以主张胜者为王的竞争开始。在跨大西洋联盟内部，在20世纪60年代，两个国家之间也开始寻找合作项目。尽管法国和英国这两个国家有足够的经验发起这个项目【例如美洲虎（SEPECAT Jaguar）和法国航空（Aerospatiale）和英国飞机公司（BAC）Concorde项目】，但还是不同于西德的合作。

在二战后十年的破败期中，西德仍处在积累经验和信心的时期，德国航空业还没有准备好设计一款复杂的战斗机。然而，在许可下制造Nord Noratlas并且寻找一个成功的合资企业，与法国飞机创世企业合作，莫不是一个可行的计划。双边会谈于1959年1月进行，在这次会谈的促进下，法国和德国达成一致，成立一个运输机联盟（Transporter Allianz），简称运输联盟（Transall）。

第一代飞机由三家公司和三家装配中心负责：位于默伦－维拉罗歇（Melun Villaroche）的Nord公司（后来加入法国航空）；位于芬肯维德的汉堡飞机制

本页图：C.160选择了宽高比相对较大的机翼，以便在拥有良好巡航速度和燃油性能的前提下，满足短距离战地运输要求。

造厂（Hamburger Flugzeugbau，后加入MBB）；还有位于莱姆维德的维悉飞机制造厂（Weser Flugzeugbau，后加入VFW-Fokker）。每家生产都是不同的部件。Nord公司制造中翼和外翼部分、发动机机舱和起落架控制单元；Weser公司制造机身中部、起落架箱和门；汉堡公司制造前部和后部机身、背部和装载台。至于命名，这对合作伙伴选择了C.160，前缀是为了强调众所周知的符号"C（货物）"，160则是机翼的面积（单位为平方米）。后面的那个数字变成了由合作双方投资制造的飞机总数：西德需要110架，法国50架（包括样机）。

第一架C.160制造于法国，1963年2月25日在默伦进行了它的处女飞行，接着又生产了两架样机，两个静态测试的机身和六架预生产的C.160，由这三架装配中心共有。与其他国际合作项目情况不同的是，参与其中的几家公司都不是专门为自己国家的空军制造飞机，这样的结果就是法国空军和德国空军使用的C.160来自于法国航空公司、MBB和VFW。个人机型和国家机型的唯一区别就是有没有国家标志和用于区别的命名方式：西德的C.160D（Deutschland）和法国的C.160F（France）。

下图：是一张1963年北方（Nord）的宣传照，这是第一架运输联盟C.160（D-9507），图中另一架是同一公司的N.262。D-9507的第一次试飞是在法国南部Istres的试飞中心进行的。

本页图："蜥蜴"状的机身代替了最初用于纳粹德国空军中的灰绿图案的C.160D。现在共有分属三翼（Lufttransportgeschwader）的四支中队（staffeln）使用这个机型。

上图：德国纳粹空军LTG 61队的一架C.160D正在演示从机舱后部安装的两个机门跳伞。理论上此运输机可承载88名伞兵，但是通常只运载60～75名。

涡轮螺旋桨发动机

从外部看，C.160无疑是一架设计现代化的战地运输机。与大多数与它同时期的机型一样，这架飞机设计出发点是使用涡轮螺旋桨发动机以对于中短距离运输来说是最有效的。推进器要求地面清净，并且机身状的装货架应该尽可能的离地面近。

因此，他们对机翼的设计做了妥协，安装到了肩部的位置。为了防止笨重的机身载重，发动机吊舱上和主起落架上的多轮式着落设备被移到机身两侧浮筒上，这样通过收缩系统的局部运动，可以让飞行

器"跪"着，以便更容易地卸载庞大的货物。Noratlas公司C.160上的装载台安装了一个常见的尾部单元，这使得背部有一个斜坡可供直进直出地装卸货物，在这之后，以前那种复杂的、双尾式的尾部结构就过时了。

在数字方面，德法双方要求这架飞机总重为110231磅（50 000千克），可以从半成的飞机跑道起飞，拖运17637磅（8 000千克）的重量飞行746英里（1 200千米）的距离。为了简化维护难度，C.160的设计者选择使用两台强劲的涡轮推进器代替四台中型推进器，因此选择了罗尔斯罗伊斯公司的Tyne 20 Mk 22。为了方便，这台6100轴马力（4549千瓦）的发动机与在法国的Hispano-Suiza为大西洋（Breguet Atlantic）制造的款式有所不同，后者由德国的MAN和比利时的赫斯塔尔（FN-Herstal）公司协助制造。Ratier-FIGEAC公司在Hawker Siddeley的许可下生产的四桨片顺桨可逆螺旋桨推进器。

尽管制造者可能不愿意承认，但是C.160确实有一点让步于20世纪的科技：货舱内部的尺寸与当时国际铁路运输的承载标准一致。这显然是一个很有实际意义的想法，结果是飞机的货舱拥有10英尺4英寸（3.15米）的宽度和9英尺9.3英寸

（2.98米）的高度；长度是56英尺5.5英寸（17.21米），总面积为583.9平方英尺（54.25平方米），可用空间为4944立方英尺（140立方米）。十字底座被固定在一个20英寸（50.8厘米）的网格上，单个的强度为11023磅（5000千克）或26455磅（12000千克）。

机舱容量

C.160的后部舱门横向分开，前部通过液压降低到工作平台的高度，后部升到机身顶部以增加装货空隙。在机身的两侧分别有一个伞兵舱门，靠近后起落架吊舱，第一代C.160在前部也有伞兵舱门，位于机身左侧。在空投时，最大单个载荷为17 637磅（8000千克），但是像双倍上述重量的轻型坦克和重型推土机也可以在常规运送时通过加强后的舱门投放。其他的载重包括三辆吉普车（带有部分载重的拖车和车上人员）、两辆空的载重三吨的货车，或者一辆载重五吨的货车。

在帆布材质的座椅上最多可以乘坐93名乘客，这些座椅三个人在90分钟内可以完成安装。如果乘坐全副武装的伞兵部队的话，可以容纳61～88名，由于伞兵部队需要更多空间来放置装备以及进行跳伞。全部伞兵可以在30秒内完成跳伞。在执行伤亡撤离任务时，可以最多搭载62个担架以及4名随行医生。

从气动和结构角度来说，C.160是一款悬臂式上单翼机型，展弦比达到10：1，有利于经济巡航性能。机翼采用双梁式结构，并具备损伤保护特点，发动机外部壁板具有3°26′的上反角。在机翼前缘三分之二的位置装有液压操纵的双段式襟翼，副翼在机翼梢部。外侧壁板也带有减速板和扰流器，两者都通过双层液压系统驱动。

关于机翼设计比较不为所知的一个特点是在机翼外部下方分别安装了为搭载辅助喷气式发动机的挂架，像罗尔斯-罗伊斯RB162-86 5250磅（23.6千牛）推力发动机。这样的设备并没有在实际服役中使用，即使是在南非购买的9架C.160上也没有使用——唯一的直接买来用于军事用途的客户。

机身采用传统设计方式，全金属半硬壳式结构，机身截面基本呈圆形，但是底部是平的。两队串联式机轮安装在机身吊舱里，另外还有易操纵的成对机头机轮。低压轮胎使得C.160可以在没有完全准备好的机场上起飞降落，德国的C.160也进行过在高速公路上的飞行训练。

内置绞车可以协助装载重型货物，在进行中等高度的巡航飞行时，机舱可以进行加压，使得机组成员和乘客感觉更舒服一些。机体结构可以经受强烈风力和低空时高达3g的机动载荷，另外还能承受在准备不充分的机场降落时受到的冲击。

民用任务

　　1965年在巴黎沙龙，北方公司展示了一架计划安装130-150乘客座椅的机型模型。1967年后期，对这个设计完成了改进，由两台普惠（Pratt&Whitney）JT3D喷射发动机提供动力。尽管其中一些样机在民用领域得到了使用，但是不论是推进动力版本还是喷射动力版本都未曾进入生产。1973年，四架C.160F被法国空军改装成执行夜间邮件行动的C.160P。有三架C.160P和三架C.160NG在佩利塔（Pelita）空军和印度尼西亚空军中使用，用于在国家的众多岛屿之间运输货物。

新一代
Nouvelle Génération

"运输联盟"运输机仍然是法国空军（Armée de l'Air）Comandement de la Force Aérienne de Projection (CFAP)的运输编队的主力机型。基本的运输机型采用了两个型号：基本型C.160F以及改进型C.160NG。

本页图：一共有23架C.160NG交付时安装了固定的空中加油探管，其中10架具有加油能力，主要是通过位于左侧起落架吊舱里的主机磁鼓装置（HDU）来实现的。

在交付了3架原型机、6架预生产机型、169架生产机型后，第一代"运输联盟"的生产工作于1972年结束。

大约110架C.160D被交付到德国空军（German Luftwaffe）（其中20架随后交到土耳其），9架C.160Z交付到南非，50架C.160F交付到法国空军。法国方面订单数量较少，这让人意想不到，因为这些飞机仅够维持一支运输编队的数量，特别是有一些飞机还被转移到Night Postal Service，在那里采用了法国民用飞机的注册号。

事实上，第一代"运输联盟"目前只装备了ET 61的三支中队中的两支，分

左图：一架C.160NG展示其低空物资投放能力。作为在执行战场投放救援物资的任务而诞生的机型，C.160NG装备了新式的自我防卫设备，包括安装在机身上的Type 507干扰弹/闪光弹发射器，以及Thomoson-CSF Sherloc雷达警报接收器（RWR）以及Elta导弹接近报警系统。

生产线时也并不让人吃惊。这样会再生产23架运输机，这样就可以让法国空军装备4支中队，另外还有6架运输机以更加专业的布置交付，还要再生产6架交付到印度尼西亚（用于Pelita Air Services）。

法国航空公司希望能够得到至少40架民用"运输联盟"的订单，包括Night Postal的3架，然而实际上，印度尼西亚的订单是唯一的附加订单。

法国空军的新式运输机被命名为C.160NG（Nouvelle Génération），与C.160F不同的是具有额外的载油量（在中心剖面装备了附加油箱）以及改进后的航电系统。新式的C.160NG也具备空中加油能力，通过在驾驶舱上部的固定加油管来实现的。

这23架运输机中的10架以运输坦克为目的进行布置，在左起落架吊舱的后部带有主机磁鼓装置。另外5架运输机带有可以快速安装该设备的基座，使得这些飞机在需要时可以用于运送坦克。"运输联盟"C.160NG被交付到ET 2/64 "Anjou"中队，之后又交付到位于Evreux-Fau-ville的ET 1/64 "Béarn"中队。

别是驻扎在布雷西（Orléans-Bricy）的ET 1/61 "Touraine"中队和ET 3/61 "Poitou"中队，而ET 2/61 "Franche-Comté"中队重新装备了洛克希德·马丁公司的C-130H/H-30 "大力神"（Hercules）运输机。

因此当决定利用德国生产的部件再次开始用于位于法国布尔日（Bourges）的

除了两支主要的"运输联盟"中队（ET 61采用早期的机型，ET 64采用NG机型）之外，该机型还服役于GAM（Groupe Aérien Mixte）56 "Vaucluse"中队（只有一架用于用于特种部队的作战支援任务），位于Réunion圣丹尼的ETOM 50 "Réunion"中队，位于塞内加尔（Senegal）达卡尔瓦卡姆（Dakar-Ouakam）的ETOM 55 "Quessant"中队，位于法国安地列斯群岛（Antilles）堡德夫朗斯拉芒坦（Fort-deFrance-Lamentin）的ETOM 58 "Antilles"中队，以及位于吉布提（Djibouti）的ETOM 88中队。

通信情报平台

法国空军最初的25架"运输联盟"订单中的两架被制作成C.160G加百利通信情报（Gabriel Sigint）机型，装备有电子情报套件以及通信情报设备，并在机身和机翼上安装有相当突出的信号接收天线。这两架飞机于1988年交付到位于梅斯（Metz-Frascaty）的EE 54 "Dunkerque"中队。加百利机型在冷战时期后被发现多次行动，参与到"沙漠风暴"（Desert Storm）行动，并出现在巴尔干半岛（Balkan）和中东地区的多次军事行动中。

联系通信

1982年，另外4架C.160NG增加到法国空军的订单中，这些飞机于1988年交付到位于埃夫勒-弗维叶（Evreux-

右图：驻扎在BA 105 Evreux-Fauville的第64运输部队负责由新式C.160NG运输机组成的Armée de l'Air's编队，这些飞机主要由ET 1/64'Béarn'和ET 2/64'Anjou'中队共同操作。

Fauville）的EE 59"Bigorre"中队，编号C.160H"阿施塔特"（ASTARTE），用于执行无线电信号传递等任务。"阿施塔特"机型是RAMSES通信网络的重要组成部分之一，可以提供抗干扰的低频信号，并可以同法国下潜后的核潜艇进行通信。为了抵抗电磁脉冲的影响，"阿施塔特"机型具有独特的圆锥形的飞机天线罩，从尾部整流锥和后部舱梯伸出。被理解成为包括了同样的空中加油机传动装置的一些运输机。然而，当法国的SSBN从威慑任务中撤销以后，该飞机的这种用途也随之消失，该编队在2002年年末遣散或者改变角色任务。第二代"运输联盟"的生产制

本页图："运输联盟"最初是为了用于法国和北非之间的运输任务，并拥有在恶劣场地出色的飞行能力，图中所示C.160NG在土地上进行起飞就是一个很好的证明。C.160NG的标准载重包括多达68名全副武装的伞兵。

造于1985年年末再次中止。从那以后，法国空军的"运输联盟"机型进行了一系列的修改升级程序。1994—1999年，所有的65或者66架保存下来的"运输联盟"运输机安装了升级后的驾驶舱，采用了平视显示器和新式的EFIS 854 TF电子飞行仪器系统，同时还有一套采用了两台Gemini 10计算器的飞行操纵系统和新式无线电操纵系统，这些改动都是在一个被称为Rénové的升级计划中进行的。该机型也采用了新式的导航系统，装备有内置参考设备（IRU）、海拔航向参考设备（AHRU）

以及全球定位系统（GPS）。升级之后，该机型被重命名为C.160R，但是之前的C.160NG机型仍然可以通过其空中加油管来识别出来。

"加百利"和"阿施塔特"机型都进行了这些改动升级，因此不在Rénové升级计划之列。

之后的改进升级

大约22架"运输联盟"（共两队，11架一队，据推测由现存的C.160NG机型组

成，可能还有两架加百利机型）进行进一步的升级，使用了新式的自我防卫设备，包括一套Sherloc雷达警告接收器，一套导弹逼近警告系统和新式的干扰弹/闪光弹发射器。

从长远来看，C.160将被新式的空中客车军用A400M机型所取代，该机型曾被成为欧洲未来大型运输机（FLA）。然而，暂时来看，由于机体的消耗损失和老旧机体的回收，战术运输能力将受到很大的影响，通过引入CASA CN.235M-200机型，情况会有所好转，该机型在法国空军服役时被称为"Transallitos"。从近期来看，如果现存的"运输联盟"想要能够完成计划的服役期限，则需要进行寿命延长以及/或者疲劳损伤修复计划。

本页图：尽管进行了大幅的Rénové升级计划，法国空军的C.160"运输联盟"编队目前正快速接近其使用寿命的终点，在波斯尼亚、科索沃、非洲和帝汶岛的C.160则面临着比开始的预计更加严峻的使用状况。